FASHION SKETCHBOOK

时装画手绘表现技法教程

马克笔 + 彩铅 + 水彩

肖维佳
（小笨）/ 编著

人民邮电出版社
北京

图书在版编目（CIP）数据

时装画手绘表现技法教程 / 肖维佳编著. -- 北京：
人民邮电出版社，2016.8（2021.8重印）
ISBN 978-7-115-42994-0

Ⅰ. ①时… Ⅱ. ①肖… Ⅲ. ①时装—绘画技法—教材
Ⅳ. ①TS941.28

中国版本图书馆CIP数据核字(2016)第164177号

内 容 提 要

　　时装画常用的绘画利器是马克笔、彩铅和水彩，它们各自有不同的绘画特点，适合不同的表现效果，综合应用更是会发挥它们各自的特长，精准呈现设计意图。本书有针对性地对不同手绘工具及绘制技法进行了细致讲解，为设计师的成功之路奠定基础。

　　全书共分为 7 章，从讲解最基础的人体比例、结构和动态开始，然后逐步深入解析服装款式、细节、面料质感、图案及配饰等的表现技法，并分别对马克笔、彩铅及水彩 3 种手绘工具的单独应用及综合应用进行了详细的案例分析。全书知识结构清晰，讲解细致、深入。

　　本书适合服装设计初学者、服装设计专业的学生及服装插画师阅读，也可以作为服装设计院校及相关培训机构的教材。

◆ 编　　著　肖维佳（小笨）
　　责任编辑　杨　璐
　　责任印制　陈　犇

◆ 人民邮电出版社出版发行　　北京市丰台区成寿寺路 11 号
　　邮编　100164　　电子邮件　315@ptpress.com.cn
　　网址　http://www.ptpress.com.cn
　　天津图文方嘉印刷有限公司印刷

◆ 开本：880×1092　1/16
　　印张：16.75
　　字数：347 千字　　　　　　　　　　2016 年 8 月第 1 版
　　印数：47 301-49 100 册　　　　　2021 年 8 月天津第 19 次印刷

定价：99.00 元
读者服务热线：(010)81055410　印装质量热线：(010)81055316
反盗版热线：(010)81055315

前言
PERFACE

开始着手写这本书的时候，我是既兴奋又紧张。兴奋是因为我可以将自己的服装效果图和大家一起分享，可以将我的绘制方法教给更多喜爱它的人；紧张是因为这本书是我的处女作，我希望能够将最好的一面展现在大家面前。能够顺利完成这本书的写作，在这里我要特别感谢一直以来支持我的粉丝们，以及本书的佘编辑给予的鼓励，如果没有你们的支持就没有今天小笨的《时装画手绘表现技法教程》。

手绘服装效果图对于服装设计师而言非常重要，选择适合自己的手绘工具对于服装效果图的表现更是十分关键。如今手绘工具多种多样，也许你还不确定自己究竟适合哪一种工具或者适合哪一种画法，不用担心，本书对不同的手绘工具及绘制方法分别做了详细的分析和介绍，并通过文字与插图结合的形式进行讲解，步骤详细、简单易懂，相信你一定可以从中找到适合自己的绘制工具和画法。

作为一名内衣设计师，我在这里和大家分享一下服装设计师们的世界。服装设计师是永远走在时尚最前端的人士，他们通过自己独特的视角分析出下一季的流行趋势，包括流行色彩、流行款式、流行图案和流行面料等一切与时尚相关的流行元素，然后融入自己的设计和观点，完成新一季产品的企划、研发、实现和上市等过程。

本书的编写工作历时5个月，在此期间掺杂了我太多的感触。这5个月可以说是在紧张而忙碌的生活中度过的，工作、写书和微信公众平台的更新占据了我的全部时间。每天下班后我利用晚上和周末的空余时间完成了整本书的编写和所有插图的绘制，并在此期间坚持更新自己的微信公众平台"小笨的时装插画"中的文章。虽然过程是辛苦的，但回头想想这些都是值得我去做的事情。我曾在网上看到过这样一句话"做自己喜欢做的事，成为自己想要成为的人"，我认为这就是我想要的生活。

希望本书可以帮助正在为服装效果图而惆怅的同行们，能给从事这项工作和即将从事这项工作的设计师们带来一些启发。

读者朋友在学习的过程中如果遇到任何问题，也欢迎您及时与我们联系，我们将竭诚为您服务。

小笨

01 服装效果图手绘的基础知识

02 服装效果图与人体的关系

03 服装效果图中的款式表现

04 服装效果图中局部和细节的表现

05 服装效果图中的面料表现

06 服装效果图中的配饰表现

07 服装效果图中常用手绘工具的表现技法

01

服装效果图
手绘的基础知识

　　服装效果图简单来说就是设计师表现服装设计理念的一种方式，是将虚幻的想法通过纸张转变为现实的一种方式。现今，服装效果图已被服装界广泛应用，从最初简单的效果图扩展到现在的服装广告、宣传海报、时尚杂志和时装插画等诸多方面，从一种简单的效果图形式发展成一种服装界的艺术形式。

1.1 服装效果图分类

服装效果图是每位设计师的灵魂，同时也是传达设计师想法的桥梁，它的表现形式主要包括以下几类。

1.1.1 设计草图

设计草图是一种快速表现服装效果的方法，是设计师在短时间内将自己的设计想法和设计构思绘制在图纸上，即将自己的设计灵感通过简洁明了的线条快速表现在纸张上。通常设计草图不追求画面最终的完整效果，而是快速地将主要的特征表现出来。它的上色也可以先用简洁的颜色记录下来，或者选择图文并茂的方法，主要是为了方便后期的重新整理。对于设计草图，并不需要纠结其线条是否顺畅、细节是否到位、颜色层次是否分明，而是要关注画面的整体感觉，例如人体动态是否和谐，服装轮廓是否表述明确，色彩、色块是否是所想要的感觉，做好这些才能方便后期的深入刻画。

1.1.2 服装款式图

服装款式图是指以平面图的形式表现出服装的款式结构、工艺细节和比例关系等。如果说设计草图是设计师灵感最快捷的表达形式，那服装款式图就是设计师最标准的表达形式。

服装款式图要求设计师绘画严谨规范、细节表达清晰、线条流畅且有粗细变化。在款式图中，粗细线条代表着不同含义，粗线条一般指的是外轮廓线或裁片拼接线，细线条一般指的是缝迹线，有时代表装饰线。

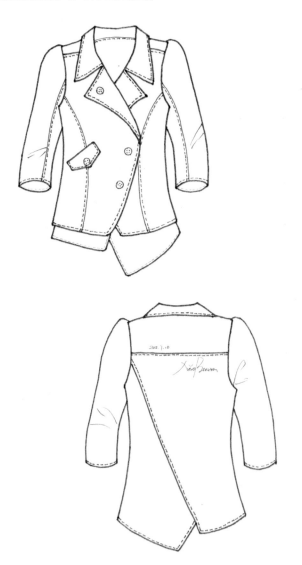

■ 1.1.3 服装效果图

　　服装效果图是人体着装后呈现在平面上的一种特殊效果图，是设计师以一种生动、真实的方法通过绘画工具将自己的设计想法绘制出来的一种表达形式，它根据款式、廓形和色彩等多个方面在平面上展示出了服装穿在人体上的着装效果，给人们带来最直接的视觉效果。设计师在设计产品时，第一步就是从灵感入手，最终将灵感转变为产品，但这是一个复杂的过程，需要设计师将自己的想法传达给身边的人，如何将脑海里的设计清晰明确地表达给别人呢？这时服装效果图就是很好的选择，因为灵感是缥缈的，最初只能通过口头描述或者图片解说的形式传达给别人，这种情况下很容易存在"误差"，"误差"的形成主要是因为每个人的想法和理解能力不同所造成的，所以，可以说设计师将想法绘制成服装效果图是一种聪明的方法，它的作用是可以将设计师的想法以最直接、最容易理解的方式传达给他人。

■ 1.1.4 时装插画

　　时装插画是另一种形式的服装效果图，是一种将服装与插画结合的绘画，它和服装效果图有相似的地方，都是在平面上表现服装穿在人体上的着装效果，不同地方在于它既包含了服装效果图的表现力，又赋予了服装更强的视觉冲击力与形式感，符合现代人们的审美需求。"时装"正是看中了"插画"在艺术界中的影响力，从而融合了各自的优点以崭新的面貌出现在人们面前，它不仅仅是表现了服装本身的特点，同时也将整体效果表现得淋漓尽致。

1.2 服装效果图的特点

服装效果图比服装本身更能反映出服装的特点、风格与魅力，好的服装效果图可以表达出服装的精髓与灵魂，它具有实用性与艺术性两大特点。

1.2.1 实用性

叶立诚在《服饰美学》中曾提到，服装设计的一个最基本要求就是运用服装效果图把自己的设计构思清晰地表达出来。这种实用型的服装效果图给人的感觉类似于服装款式图，配合的人体动态简单且正面居多，款式绘制清晰。主要应用于服装企业、设计公司和研究部门等专业设计生产领域。

1.2.2 艺术性

艺术性服装效果图一般被创意型的学生或者思想无束缚的艺术人士使用，他们可以根据个人的喜好绘制出不同感觉的效果图，一般表现手法比较夸张，表现方式也千奇百怪，适合用于个人创作、参赛设计等方面。与实用性效果图相比，艺术性服装效果图还承载着审美性的重任。

1.3 服装效果图常用手绘工具的介绍

手绘工具有很多，如马克笔、彩铅、水彩、水墨、水粉和蜡笔等，每种工具都有自己的特点。本书主要介绍服装效果图中几种常用的手绘工具：马克笔、彩铅和水彩。

1.3.1 认识马克笔

马克笔又称麦克笔，是一种用途非常广泛的绘画工具，它的优点是便于携带、色彩丰富、颜色快干，外出也可随时进行绘画以便提高作画效率，现今已成为服装设计师必备的手绘工具之一。

马克笔品牌						
品牌	产地	笔头类型	墨水类型	价位（元）	笔数	特点
AD	美国	发泡型	油性	18~20	131	笔尖弹性好，价格昂贵，颜色多且有水彩的效果
SANFORD	美国	发泡型	油性	10~15	——	变化笔头角度可以画出不同笔触效果，颜色柔和
Rhinos	美国	发泡型	油性	6~10	126	油性快干墨水，易于混色
TOUCH	韩国	纤维型	酒精性	1.5~3	162	笔头经久耐用，颜色鲜艳快干
IMARK	德国	纤维型	酒精性	10~12	120	颜色色差小，快干、耐水
COPIC CIAO	日本	纤维型	酒精性	28~30	144	价格贵，但墨水色彩比较好，笔头可更换
Marvy	日本	纤维型	油性/酒精性	9~10	——	笔触浅，着色均匀，可重复叠色
法卡勒	中国	——	酒精性	3~5	192	颜色多且上色容易，笔迹不渗化
TOUCHFIVE	中国	纤维型	油性	1.5~3	168	性价比高，色彩丰富
遵爵	中国	纤维型	水性/油性	3~5	84/120	墨水健康环保
STA	中国	纤维型	油性	2.5~3.5	124	低气味，环保无毒，色彩丰富饱满

马克笔根据笔头的形状不同可分为圆头和方头两种。

圆头：画出的线条较细且笔触圆润柔和，适用于服装画中的细线条和局部的刻画。

方头：有正方头和侧方头之分，正方头是笔头最宽的地方，适用于大面积的平涂；侧方头的笔头宽度居中，一般起到辅助作用，在笔头转动时可以画出不同的笔触效果。

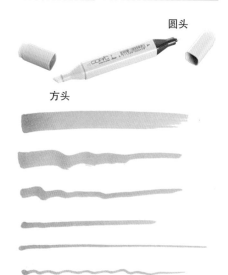

圆头

方头

马克笔根据墨水的不同可以分为水性马克笔、油性马克笔和酒精性马克笔3种。

水性马克笔：颜色通透，可叠加使用，但多次叠加会使画面变灰变暗，而且容易破坏纸张，没有足够的浸透性，绘画效果与水彩类似。

油性马克笔：具有一定的浸透性且挥发较慢，颜色柔和，饱和度高，重复上色时颜色应该由浅入深，保证画面整洁干净。

酒精性马克笔：可在任何表面光滑的纸张上书写，具有速干、防水和环保等特点，主要的成分是染料、变性酒精及树脂。

1.3.2 认识彩铅

彩铅是一种彩色的铅笔，是介于素描与色彩之间的一种画材，它的优点是颜色丰富，画法细腻，效果别致，笔触特殊，线条感强，绘制时要特别注意线条的虚实变化和笔触的美感。一般用彩铅画图时尽量避免大面积色块的着色，因为笔尖过细导致上色时间过长，这时我们可以选用彩铅与其他画笔结合使用。

彩铅品牌					
品牌	产地	类型	价位（元）	笔数	特点
辉柏嘉	德国	水溶	1.5~2	48	与水融合后有水彩效果，铅芯细腻
STAEDTLER	德国	水溶	2~3	48	优质铅芯柔软且不易断
酷喜乐	捷克	水溶	5~8	72	质地细腻，容易上色且不易折断
马利	中国	水溶	1	36	色彩明丽，不易褪色
布里莱斯	中国	粉蜡	0.5	60	价位低，环保
Kuelox	中国	水溶	4~5	72	颜色鲜艳，水溶性佳
MARCO	中国	粉蜡	2~4	72	颜色鲜艳饱满，覆盖力强

彩铅主要有蜡质彩铅和水溶彩铅两种。

蜡质彩铅：大部分的彩铅都是蜡质彩铅。它可以像普通铅笔一样画图，也可以作为一种辅助材料与其他颜料结合使用，用途广泛，表现效果特别。常用彩铅颜色有12色、24色、48色和72色。

水溶彩铅：铅芯质地相对比较软，画法与蜡质彩铅类似，不同的是可以用水将彩铅溶解，出现类似水彩的画面效果。

蜡质彩铅笔触

水溶彩铅笔触

1.3.3 认识水彩

水彩简单来说就是将水融入颜料后绘制出的一种特殊效果，主要是对水分的掌控来呈现画面的不同效果。它的透明度很高，在色彩重叠时，下面的颜色也不会被覆盖。

水彩品牌					
品牌	产地	类型	价位（元）	笔数	特点
美利蓝	意大利	管状	50	70	质地细腻，色彩浓度好，稳固性好，不易挥发
温莎牛顿	法国	固体/管状	12~20	45	高光泽度和透明性
樱花	日本	固体/管状	5~7	30	单层涂抹的透明效果和叠加的浓厚效果都很出色
卢卡斯	德国	固体/管状	50	70	颜料偏半透明，上纸效果好
泰伦斯	荷兰	固体	30	48	适合外出写生，携带便捷，颜料持久不褪色
史明克	德国	固体/管状	12~15	24	耐光性好，携带方便
Holbein	日本	固体	30	36	颜色饱和，纯度高
Pebeo	法国	固体	5	24	颜料质量好，性价比高

水彩颜料有管状和固体两种类型。

管状水彩比较常见，直接挤到调色盘上加水就可以使用，每次画图剩余的颜料可以保留至下次继续使用，就算颜料变干了也可以再次加水溶解使用。

固体水彩通常是整齐地排列在小格子里，画图时用笔头蘸清水轻轻涂抹颜料表面进行溶解，再在调色盘里调色就可以使用了。

水彩笔是画水彩画的常用工具，根据笔尖形状的不同可以画出不同的效果。可以根据个人喜好挑选适合自己的水彩笔。

平头笔尖画笔：适合平涂，可以画出整齐的色块，侧边可以刻画细节。

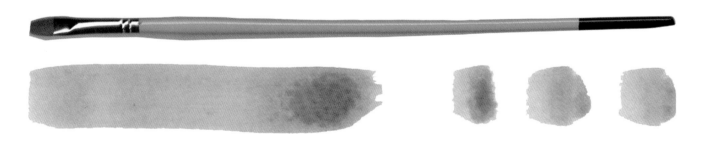

半圆形笔尖画笔：可以画出圆形边缘的笔触，不适合画小面积的细节图。

拖把形笔尖画笔：适合大面积铺底色，但不适合刻画细节。

锥形笔尖画笔：笔头呈锥形，笔尖很尖，是最适合刻画细节的笔。小号的笔可以直接用来勾勒轮廓。

勾线笔：笔尖细而小，适合绘制细节或勾勒轮廓线。

调色盘分为盘状调色盘和方形调色盒两种。盘状调色盘存放颜料的格子偏少，不能将全部颜料摆放进去，不方便多色调和时使用；方形调色盒的存放格子较多，画图前先将所有颜料储备在每个小格内，方便绘画及调色，如果画完图颜料剩下了也没关系，下次画图时再溶些水就可以继续使用了。

1.3.4 其他辅助工具

1.铅笔和橡皮

　　铅笔主要是用来打草稿和画线稿的，类型主要有木质铅笔和自动铅笔。铅笔规格通常用H和B的表示，"H"是英文"Hard"，代表铅芯的硬度；"B"是英文"BLACK"，代表铅芯的黑度。H前面的数值越大所表示的铅芯就越硬，颜色越淡；B前面的数值越大铅笔就越黑越软。铅芯主要选用HB或者2B。

　　橡皮主要用于擦掉画面中多余的线迹，绘画专用橡皮分为2B、4B和6B等型号，还有可塑橡皮。

2.纸

　　马克笔用纸可以选用马克笔专用纸或者A4纸、速写纸。马克笔专用纸张的表面光滑，颜色不易渗透；普通A4纸的颜色容易渗透到背面，上色时需要在下面放一张垫纸避免颜色渗透；速写纸的表面略微粗糙，纸张厚，吸水好，比较适合马克笔画图；不要选择卡纸，因为颜色不易融合，画出的笔触效果明显且不美观。

　　彩铅可以用速写纸或者A4纸。速写纸的表层比较粗糙，上色后画面有种特殊的质感效果；A4纸的表面光滑，上色后画面笔触细腻。

　　水彩用纸主要有表面比较光滑适合局部刻画细节的细纹水彩纸，表面较为粗糙适合随意笔触表现的中纹水彩纸和表面粗糙不易刻画细节的粗纹水彩纸。一般选择200~300g左右的纸张，克数越大代表吸水性越好，重复上色率越高。

记录快乐、忧伤、幻想、奇趣的点点滴滴

3.高光笔和涂改液

　　高光笔和涂改液主要应用在皮肤和服装的高光位置，有时也用来绘制服装中的白色装饰。因为高光笔和涂改液的覆盖性很强，可以直接覆在其他颜色的表层上且不会渗透，所以是手绘设计必备的工具。高光笔一般应用在小面积范围的高光位置，涂改液一般应用在大面积色块的高光位置。

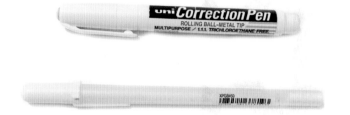

4.勾线笔

　　针管笔是勾勒图案轮廓线的一种绘制工具，可以根据不同大小的笔头勾勒出粗细不同的线条，达到不一样的画面效果。它的笔头分为硬头针管笔和软头针管笔两种，例如绘制款式图时，我们需要画出均匀的线条，这时需要用的是硬头针管笔，可以选择0.8mm的针管笔勾勒外部轮廓线，0.5mm的针管笔勾勒内部轮廓线，0.1mm的针管笔勾勒针迹线和细节线，给看似单调的图案赋予有节奏的生命力。软头针管笔的笔触柔软松动，可以用一支针管笔画出不同粗细的线条。彩色针管笔也有硬头和软头之分，和普通针管笔的性质一样，只是颜色更加丰富多彩。水彩针管笔是水性颜料，它比普通针管笔更加强大，遇水不会晕染弄脏画面，适合给水彩和水溶彩铅进行勾线。

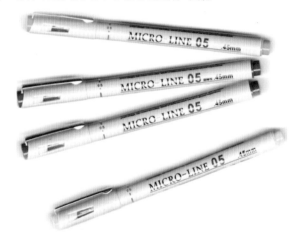
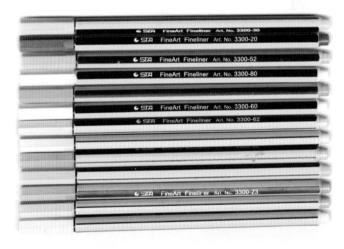

　　小楷笔也是勾线笔的一种，画出的笔触比较特殊，因为它的笔头是软头且有弹性的，下笔时可以根据力道的不同改变线条的粗细。

02

服装效果图
与人体的关系

服装效果图中所展现的人体与正常状态下的人体有所区别，从本质上讲，它是用来展示服装效果时所使用的人体，在比例和动态上有一定的讲究和标准。

2.1 服装效果图中的人体比例

人体比例关系直接影响服装效果图在画面上的呈现效果，身高比例通常为8.5~9个头长，有时也有10个头长或者11个头长，甚至更多，这和设计师们的个性和风格有关。在服装效果图手绘表现中一般以一个头长为基本单位，以身高9个头长为标准，上身为两个头长，其中下巴到胸、胸到腰各为一个头长，下身为5个头长，腰到会阴为一个头长，会阴到膝盖为两个头长，膝盖到脚为3个头长。

2.1.1 女性人体比例

绘画女性人体时需要了解女性身体的特点，主要画出女性柔美的一面。从正面看，女性的头圆且小，脖子细长，锁骨明显，肩膀窄小，腰节细长，盆骨较宽；从侧面看，女性人体呈S状，胸部和臀部特别突出，小腹略微鼓起。在行走时女性身体的臀部摆动幅度要大于肩部的摆动幅度。所以在绘画女性人体时线条要圆顺流畅，画面中不要出现明显棱角。

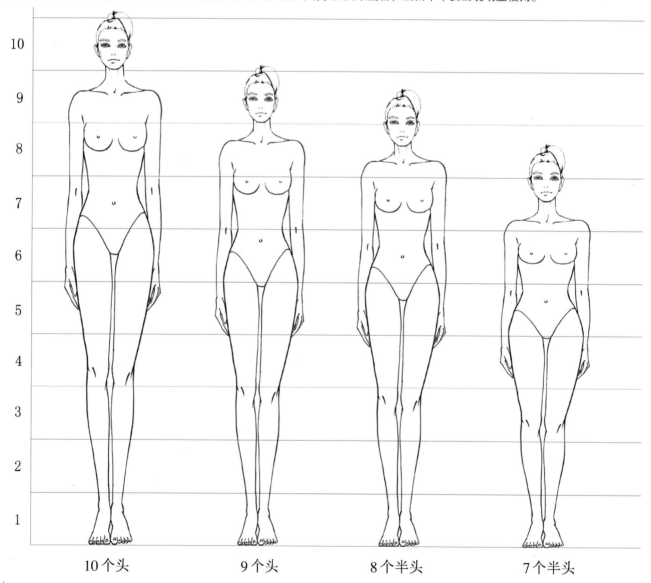

| 10个头 | 9个头 | 8个半头 | 7个半头 |

身高比例的不同并没有影响人体在宽度上的比例关系，均保持肩宽为一个半头长，腰宽为一个头长，臀宽为一个半头长。人体身高比例的变化主要是通过改变腰部及腿部的长度来体现的，其中腿部最为明显。

2.1.2 男性人体比例

从整体上看，男性的头部较方，肩部略宽，臀部较小，胸膛宽厚，肌肉结实，同时具有粗壮的骨骼，绘画时线条要挺阔刚硬，体现男性阳刚的一面。在走动时男性身体的肩部摆动幅度大，臀部摆动幅度小，重心偏向脚后跟位置。

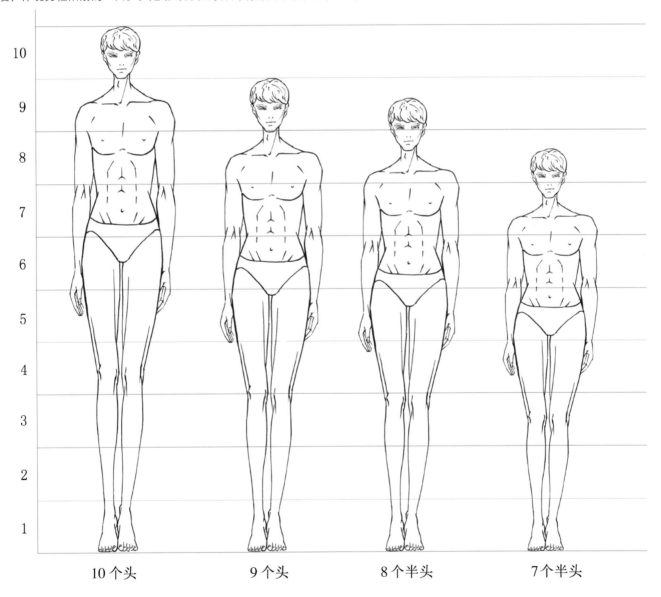

10个头　　　　　9个头　　　　　8个半头　　　　　7个半头

男性肩宽一般为两个头长，腰部为一个头长，臀部为一个半头长，在改变身高比例时可以纵向适当拉伸腰部和腿部的长度，在宽度上也可以适当加大肩部的宽度。

2.1.3 儿童和青少年人体比例

由于人体头部生长较慢，因此幼儿时期头部偏大，头部比例将近占身体的1/5，大小和成人的头部差不多。儿童时期的身高一般为5个头长；少年时期的身高达到6个头长；青年时期身体发育比较明显，脸部轮廓开始发生明显变化，身高增长为7个头长。青少年时期身体各部位的比例变得匀称，几乎与成人差不多，只不过身体看上去比较轻薄纤细，身高达到8个头长。

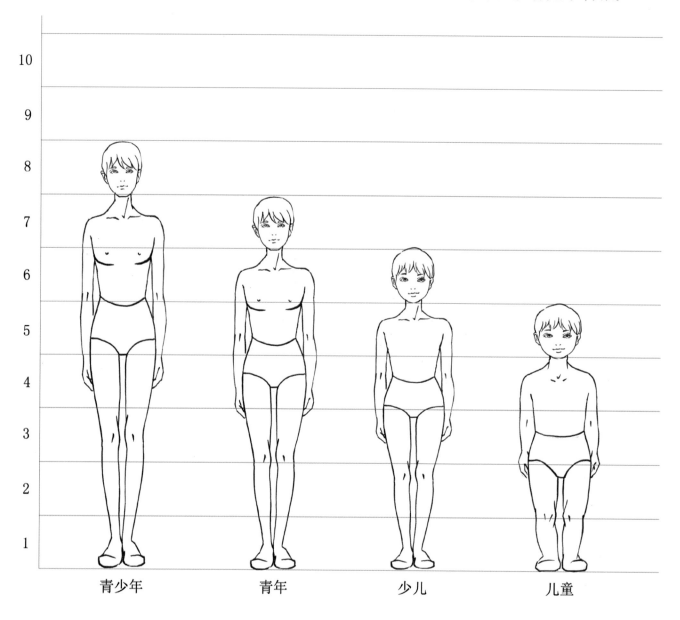

青少年　　　　　青年　　　　　少儿　　　　　儿童

在不同阶段，头部的比例变化不大，只是儿童时期的头部形状更加浑圆，随着年龄的增长而发生变化。儿童时期的骨骼并不明显，到了少年时期随着骨骼的生长，身体开始发生变化，到了青年时期骨骼的形态开始显露，在青少年时期已经初步形成。

2.2 服装效果图中的人体局部表现

　　掌握了人体整体的结构与比例关系后，接下来学习人体各部位的比例知识和绘制方法。这个环节需要认真学习，只有掌握人体的基本知识后才能为后期的灵感创作打下良好的基础，充分地将设计想法通过服装效果图表现出来。在后期熟练掌握基础知识和技巧之后，设计师们可以通过融入个人的特点绘制出别具一格的服装作品。

2.2.1 头部

　　头部主要包括眼睛、眉毛、鼻子、嘴、耳朵和头发，遵从"三庭五眼"的比例关系。"三庭五眼"一般指的是在平视的状态下所描绘出的比例关系。纵向平均分为3个部分，分别是从发际线到眉线为一庭，眉线到鼻线为一庭，鼻线到颚底线为一庭；横向平均分成5个部分，以一个眼睛的长度为单位，眼梢到左右耳际共两个眼睛的宽度，鼻子为一个眼睛的宽度，眼睛本身两个宽度。

绘制解析

第1步：根据"三庭五眼"的方法绘制出基本辅助线，标注眼睛、嘴巴和耳朵的大致位置。

第2步：在"三庭五眼"的基础上进一步绘制眼睛、鼻子和嘴巴的轮廓，鼻子刚好占一个眼睛的宽度，位于中间位置，嘴巴在鼻线到下颚线的1/2处，嘴角边缘大致到两个眼球的中间位置。

第3步：绘制出眉毛、双眼皮、瞳孔和耳朵内部的结构线。

第4步：将五官精细化，标注颧骨位置，添加头发。

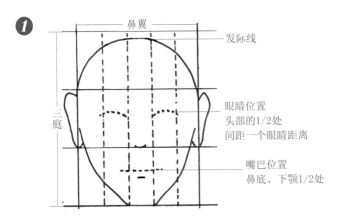

① 鼻翼　发际线

三庭

眼睛位置
头部的1/2处
间距一个眼睛距离

嘴巴位置
鼻底、下颚1/2处

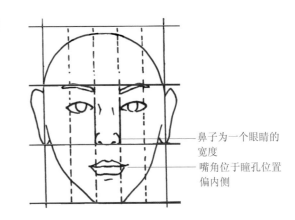

② 鼻子为一个眼睛的宽度

嘴角位于瞳孔位置偏内侧

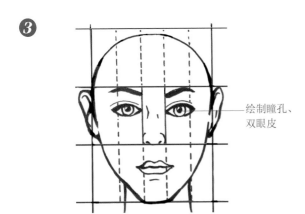

③ 绘制瞳孔、双眼皮

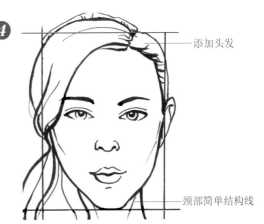

④ 添加头发

颈部简单结构线

▓▓▓ 2.2.2 五官

1.眼睛

眼睛的结构主要包括外眼角、内眼角、上眼线、下眼线、上眼睑、下眼睑、上睫毛、下睫毛、眼白、虹膜、瞳孔及泪腺。眼球是圆形的,但被眼皮遮住一部分,所以在绘制时不要画成一个完整的圆,同时在绘制眼球时注意瞳孔都是黑色的,只是不同种族的人的虹膜颜色有所不同而导致眼球外观颜色的不同,可以通过改变虹膜的颜色来改变眼睛的颜色。

绘制解析

第1步：在不能保证一次性准确无误地绘制线稿时,可以选用铅笔起形,绘制出眼睛的大致轮廓,以及眼睛的内眼角和外眼角。

第2步：画出眼球的内部结构,并留出眼球的高光部分。

第3步：用勾线笔勾勒出正确的线稿,填充瞳孔色并留出高光部分,勾线时注意笔触变化,两个眼角处可以下笔重一些,中间位置轻轻带过,最后用橡皮擦拭掉多余的线迹。

第4步：上色时选择浅肤色沿着上眼线从内眼角到外眼角的方向进行上色。

第5步：用深肤色在双眼皮和眉弓等阴影的地方上色。

第6步：画上具有装饰性的蓝色虹膜及橘色眼影。

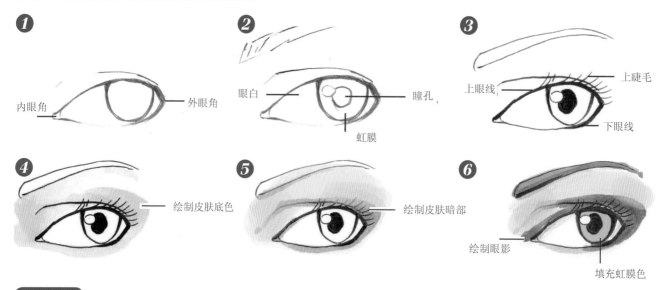

知识拓展

不同眉形与眼睛的组合。

不同眼球颜色的表现。可以根据个人喜好选择不同的颜色,建议选择浅一些的色彩,深色与瞳孔色接近,远处看层次变化不明显,缺少画面美感。

2.鼻子

鼻子是脸部一个重要的组成部分，它的结构主要包括鼻根、鼻梁、鼻骨、鼻软骨、鼻尖、鼻翼、鼻孔和鼻中。在服装效果图中通常会省略部分结构，画面越简单越好，主要绘制出鼻中、鼻孔和鼻翼，有时会用两个点来表示鼻子，再通过颜色绘制出鼻子的立体效果。

绘制解析

第1步：用铅笔画出鼻翼的简体轮廓。

第2步：标注鼻孔的位置，用勾线笔勾勒出正确的线稿并用橡皮擦拭掉多余的线迹。

第3步：上色时要注意光的方向，例如图中光的方向是在画面右边的，所以先用浅肤色在左边鼻子的暗部上色，或者选用平涂的方式填充整个鼻子的部分。

第4步：选用深肤色在鼻子暗部和鼻孔处，进行深一步的刻画。

第5步：整体调整后画出高光部分。

鼻翼

鼻孔　　鼻尖

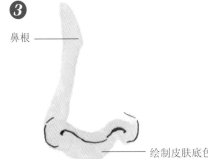

鼻根

绘制皮肤底色

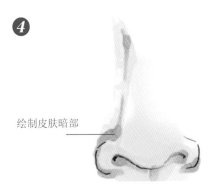

绘制皮肤暗部

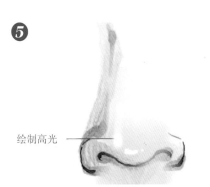

绘制高光

知识拓展

不同角度鼻子的画法。

3/4侧鼻子　　　　正侧时的鼻子

上仰时的鼻子

用两种颜色表现鼻子的立体效果。

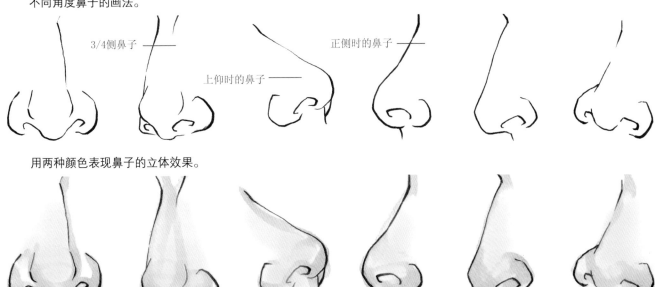

3.嘴唇

嘴唇主要是由上唇、下唇、唇峰、唇珠、唇谷和唇角构成的。服装效果图中嘴唇的画法同样也是线条越简单越好，通常正面嘴唇用两根线条来表示，虽然看上去简单，但也是在建立嘴唇结构的基础上来完成的，后面再通过上色表现嘴唇的整体效果。

绘制解析

第1步：先画出嘴唇的闭合线。

第2步：画出颏唇沟，用勾线笔勾勒出线条形状，注意嘴角的笔触。

第3步：用浅唇色平涂出上唇和下唇，如果不了解嘴唇的结构，最好先用铅笔轻轻地画出上唇和下唇的外轮廓线再进行上色。

第4步：选用深唇色沿着嘴唇暗部绘制阴影部分。

第5步：绘制高光部分。

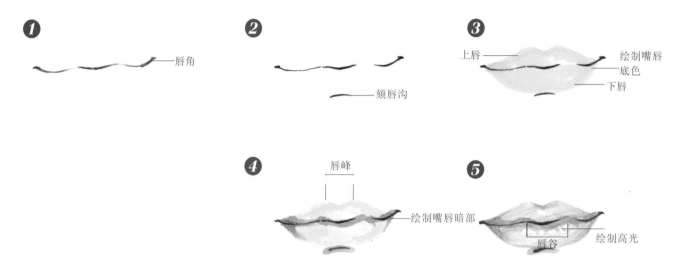

知识拓展

不同角度的嘴唇的画法。

嘴唇颜色丰富，可以根据个人喜好选择粉色、橘色和红色等颜色进行绘制。

4.耳朵

耳朵主要包括耳轮、耳垂、耳屏、对耳轮、对耳屏、耳甲腔和耳轮脚等，是五官中最容易被忽略的地方，因为它位于头部的两侧，有时又被头发遮住。在绘制耳朵时通常是先画出外轮廓线，再画几根代表性的内部结构线就可以了，能简洁明了地表达出耳朵的结构。

绘制解析

第1步：画出耳朵的外轮廓线。

第2步：绘制出耳轮的形状。

第3步：继续绘制内部结构线，画出耳屏和对耳屏。

第4步：用浅肤色沿着耳朵的内部结构线上色，也可以平涂上色。

第5步：用深肤色绘制耳朵的暗部，使其变得立体。

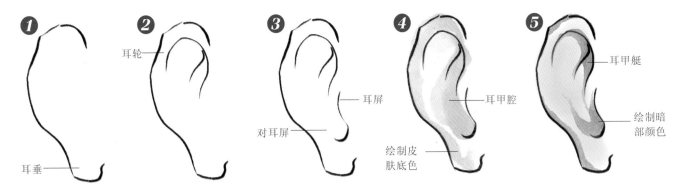

知识拓展

不同角度的耳朵的画法。

不同角度的暗部的上色参考。

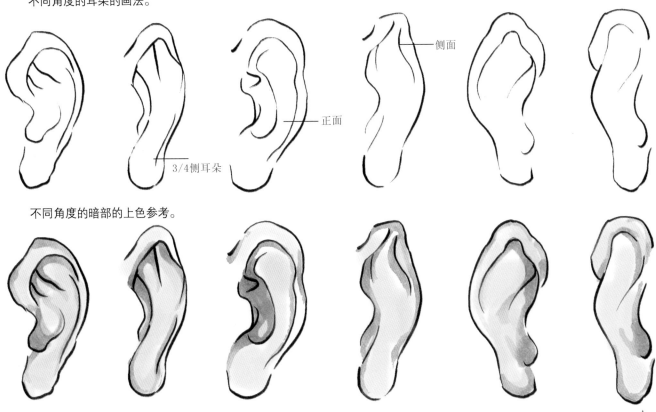

2.2.3 面部和头发

1.面部

根据"三庭五眼"的比例关系绘制出头部线条，主要掌握眼睛、鼻子和嘴三者之间的位置及比例关系。上色时需注意面部的颜色，主要包括皮肤底色和暗部颜色两块，最后画出高光部分即可，这样面部上色就基本完成了。

绘制解析

第1步：用铅笔绘制出眼睛、鼻子和嘴巴的轮廓，主要掌握好它们之间的比例关系。

第2步：确定脸型，画出头部与颈部的结构。

第3步：绘制头发的外轮廓线及内部分组线。

第4步：范例中的上色颜料选择的是水彩，先调和出浅肤色平涂在面部和颈部，注意眼睛部位留白。

第5步：调和深肤色，分别在眼睛、鼻子、嘴巴和颈部的阴影处上色，画出面部的层次感与立体感。

第6步：用细头勾线笔勾勒出眼睛的上眼线、鼻子底部、嘴唇闭合线和颈部的轮廓线，注意笔触变化，线条要有粗有细、有轻有重，不要画成同样粗细、没有任何变化的线条，缺少线条本身的美感。然后用黑色画出瞳孔，接着用深肤色作为嘴唇色覆盖上嘴唇和下嘴唇。

第7步：绘制深棕色眉毛、土黄色眼球和橘色眼影，再给嘴唇加一个暗部色，最后用高光笔分别在颧骨、鼻子和下颚处画出高光，这样就完成了整幅画面。

6

7

知识拓展

彩铅绘图效果：画面细腻，层次丰富。

水彩绘图效果：颜色可调节，色彩丰富。

头略微上抬

头略微向下

正面

上仰造型

马克笔绘图效果：平涂上色，颜色均匀，易于把握。

2.头发

　　头发是头部的组成部分之一，掌握头发的生长规律及方向是绘制的关键。头发的外观及色彩多样，主要绘制几种常见颜色的发型作为参考，但不论是长发、短发、卷发或者直发，绘画时线条都应该简洁流畅，保持画面的整体性。头发可以分组表现，通常是越靠近脸的位置颜色越深。

> **绘制解析**

第1步：先用铅笔画出五官、颈部及头发的基本轮廓。正面画法很重要，它在服装效果图中经常出现。

第2步：绘制出五官、颈部和头发等完整的铅笔稿。

第3步：平涂浅肤色，注意眼睛处留白。

第4步：用深肤色在面部及颈部的暗部着色。绘制眼睛、嘴唇及眼影的颜色。

第5步：先给头发铺一层底色。底色选用浅棕色，不要将画面全部填满，上色时保持笔触松动，部分留白。

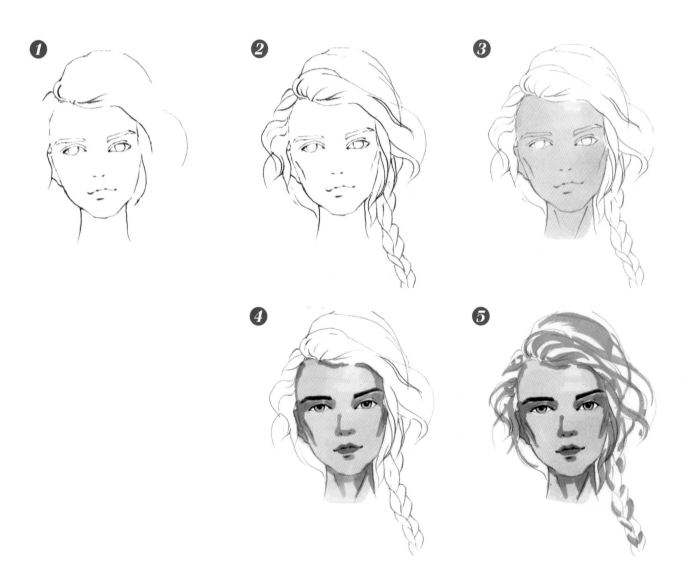

第6步：选择深棕色绘制头发的暗部。头发的颜色一般选择两种就够了。

第7步：用勾线笔勾勒轮廓线，包括脸部外轮廓、五官轮廓、颈部轮廓及头发轮廓，最后画出高光提亮面部。

6

7

知识拓展

常见的发型及发色。

盘发

后面束辫

卷发

螺旋卷

黄色、棕色系头发

短发

直发

灰色、黑色系头发

2.2.4 手臂和手

1. 手臂

手臂是由上臂、肘部、下臂和手4部分组成的，它在自然状态下并不是垂直于地面的，而是肘部有一个略微的突起。画手臂时要注意肩肌位置是一条向外突出的圆顺曲线，手腕处最细。

绘制解析

第1步：画出肩肌和上臂，肩肌的线条圆顺、上臂的线条平滑。

第2步：紧接着画出肘部和下臂。肘部衔接下臂时线条有一个小弧度，下臂内侧的上半部分的线条比较圆顺，下半部分的线条平直。

第3步：绘制出完整的手臂线条。

第4步：用浅肤色平涂上色。

第5步：绘制暗部的阴影。

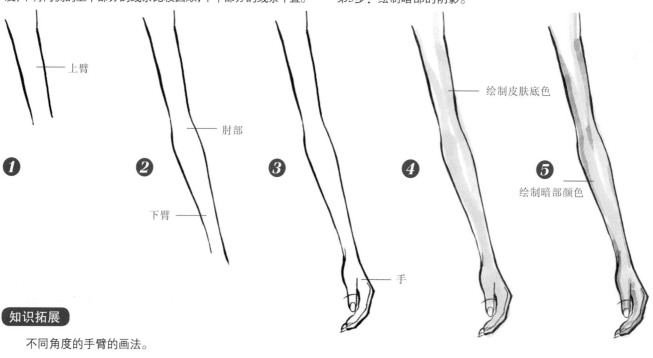

知识拓展

不同角度的手臂的画法。

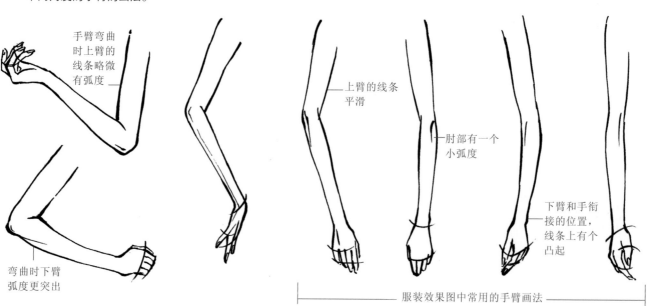

不同角度的手臂的上色参考。

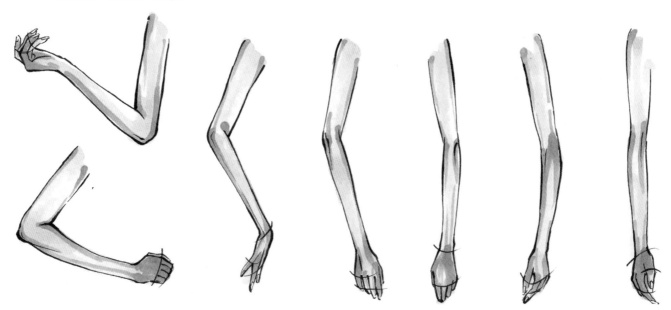

2.手

手是由腕骨、掌骨和指节骨3部分构成的，人手的长度等于面部发际线到下巴的长度。画服装效果图中的手时，手指部分需要适当加长，以表现手指纤细修长的感觉。除大拇指以外的4根手指，每一根都有3块骨头，绘制时要注意画出3节的感觉，这样才符合手指的结构。手上关节较多，动态十分丰富，初学者一定要多加练习，才能掌握手部不同动作的画法。

绘制解析

第1步：画出手部的基本轮廓。

第2步：确定轮廓线，绘制大拇指、食指和中指。

第3步：绘制出完整的手部结构线条及指节的比例关系。

第4步：用浅肤色平涂上色。

第5步：绘制暗部阴影。

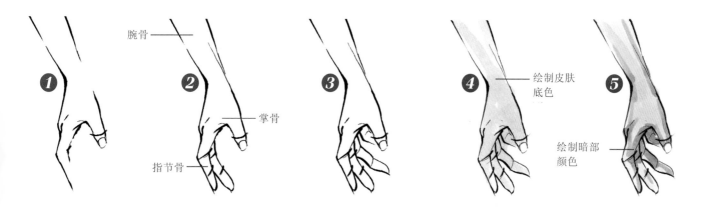

知识拓展

不同动作的手的画法。

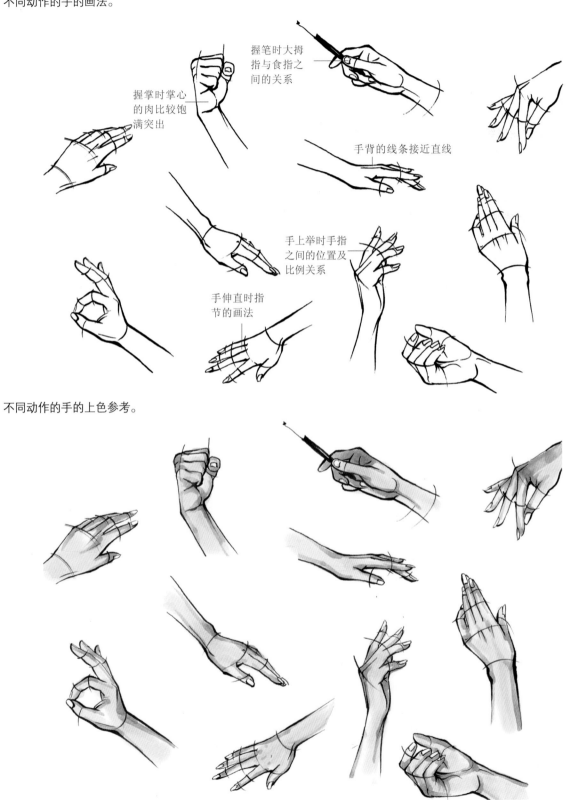

握笔时大拇指与食指之间的关系

握掌时掌心的肉比较饱满突出

手背的线条接近直线

手上举时手指之间的位置及比例关系

手伸直时指节的画法

不同动作的手的上色参考。

2.2.5 腿和脚

1.腿

腿可以分为大腿、膝盖、小腿和脚4个部分。画服装效果图时大腿和小腿尤为重要，同时大腿和小腿的衔接位置也很重要。膝盖是一个过渡点，膝盖骨是一块类似三角形的骨头，它的上面是向外凸出的，下面是平滑的，所以在画膝盖与大腿的衔接时，要用大腿的线条压着膝盖的线条；在画膝盖与小腿的衔接时刚好反过来，用膝盖的线条压着小腿的线条。

绘制解析

第1步：绘制大腿的轮廓线，注意大腿的肌肉发达，线条要饱满。

第2步：紧接着画小腿的轮廓线，注意小腿肚的肌肉发达，线条突出。

第3步：绘制脚时，因脚掌受力，脚心的线条的弧度大，脚面拉伸，线条平直。

第4步：用浅肤色平涂上色。

第5步：在大腿内侧、膝盖下方和脚踝处绘制阴影。

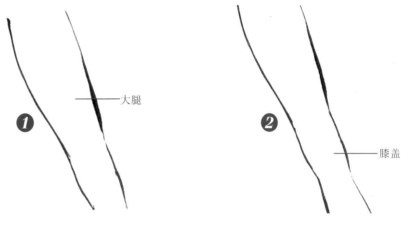

① 大腿

② 膝盖

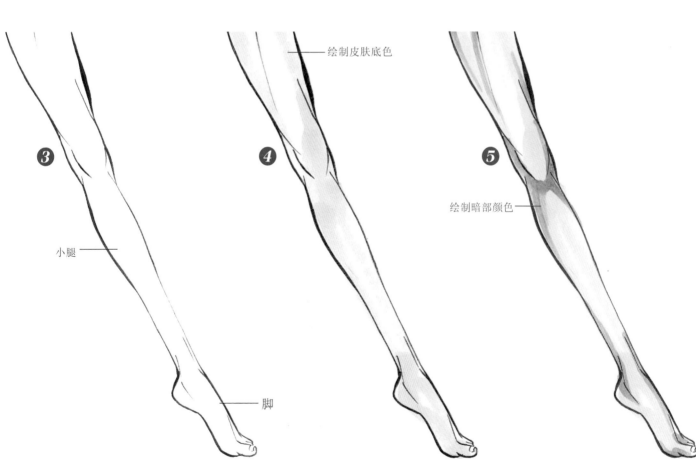

③ 小腿　脚

④ 绘制皮肤底色

⑤ 绘制暗部颜色

不同姿势的腿的画法。

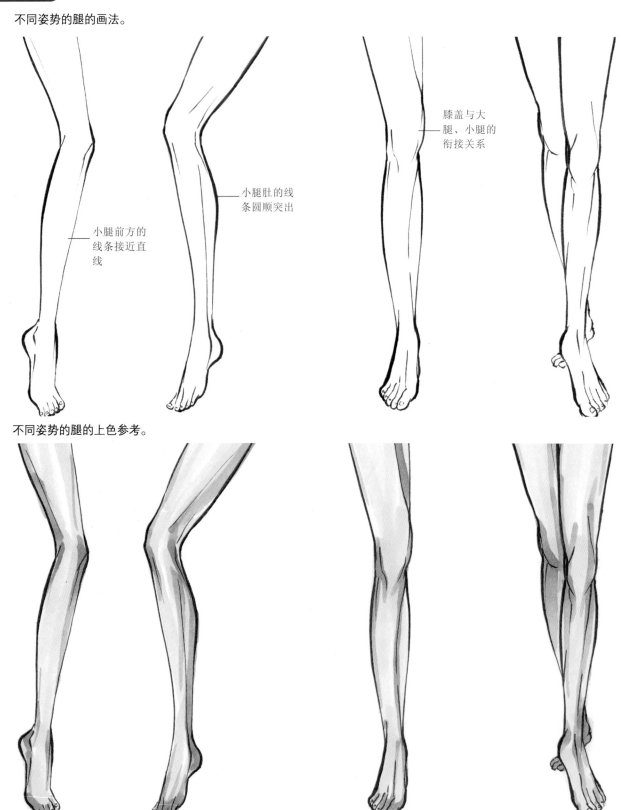

小腿肚的线
条圆顺突出

小腿前方的
线条接近直
线

膝盖与大
腿、小腿的
衔接关系

不同姿势的腿的上色参考。

2.脚

脚是由脚心、脚背、脚趾、脚后跟、脚踝和脚掌组成的。由于脚要支撑整个身体的重量，因此脚掌比较厚实，绘画时要注意脚掌的厚度，同时注意脚裸、脚后跟、脚掌和脚趾相互之间的衔接关系。

绘制解析

第1步：画出脚心、脚掌的轮廓线。

第2步：绘制脚背和脚趾的线条。

第3步：标注脚踝的位置并绘制出脚部完整的线条。

第4步：用浅肤色平涂上色。

第5步：绘制暗部阴影。

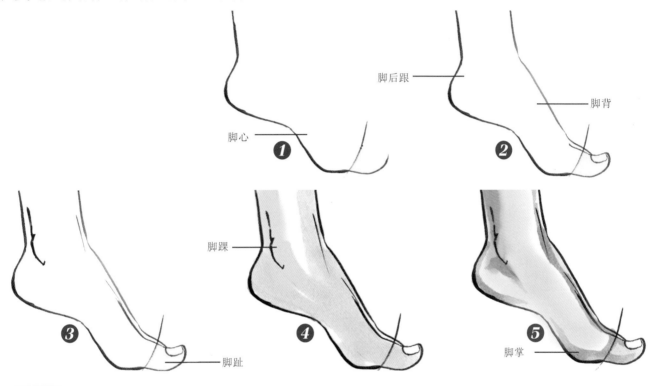

知识拓展

不同角度的脚的画法。

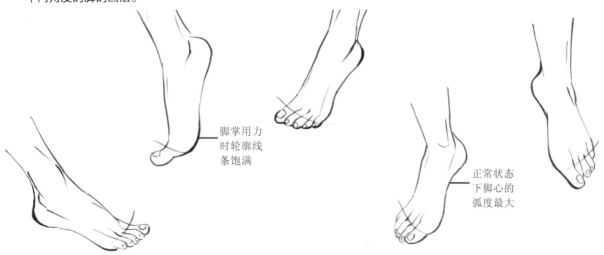

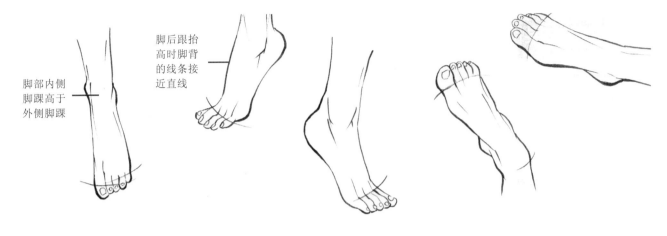

脚部内侧
脚踝高于
外侧脚踝

脚后跟抬
高时脚背
的线条接
近直线

不同角度的脚的上色参考。

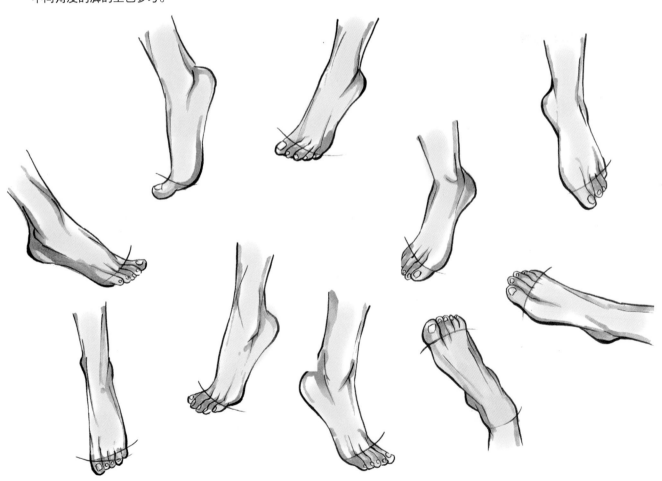

2.3 服装效果图中的人体动态表现

　　服装效果图中常用的人体动态以最利于体现服装设计构思和穿着效果的角度为标准。动态指的是人体在运动过程中的一种状态，服装效果图中的动态赋予了服装灵魂，给呆板的画面带来轻松灵动的感觉。

2.3.1 重心

　　重心线是指贯穿于人体重心，向地面所引的一条垂直线，它可以判断人体的动态是否稳定。人体的结构比较复杂，为了方便对人体结构的理解，可以通过简单的几何图形对人体的不同部位进行概括：头部用椭圆形表示，胸腔用倒梯形表示，盆腔用正梯形表示。

　　人体处于正常站立时，重心在两只脚的中间，但随着人体动态的变化，重心位置也会发生变化。在走动时，人体的肩线与腰线呈相反的交叉状，重心线穿过下巴、锁骨和受重腿。

1.行走时的重心

绘制解析

第1步：通过确定肩线、腰线和臀线的位置关系绘制人体的动态辅助线。

第2步：根据动态辅助线绘制腿部的轮廓线，确定受重腿在重心线上。

第3步：绘制出摆动的手臂，摆动的方向与腿部相反。

第4步：用圆顺的线条绘制轮廓线。

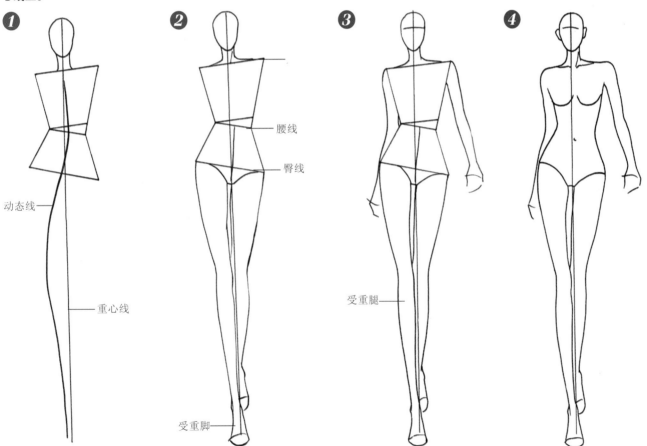

① 动态线　重心线

② 腰线　臀线　受重脚

③ 受重腿

④

2.站立时的重心

　　单腿受力和双腿受力时的重心线有所不同,单腿受力时重心线穿过受重腿,双腿受力时重心线在两腿之间。

　　右腿直立,左腿稍微抬起时,重心在右腿。

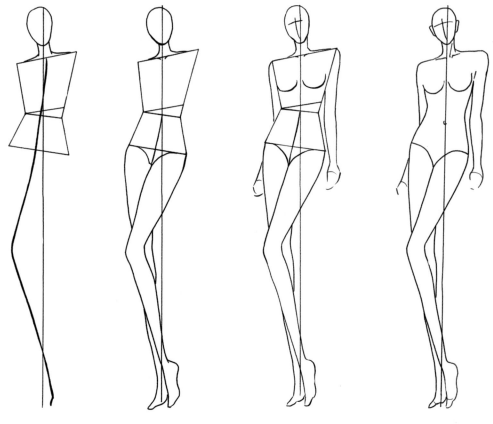

　　左腿是主要受力腿,右腿也起到了一定的支撑作用。这种情况下重心在两腿之间偏向左边的位置,也就是说腿部在不平均受力时,重心向主要受力方向偏移。

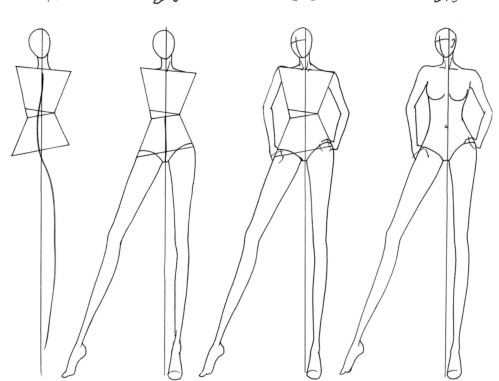

2.3.2 常用人体动态

人体动态主要是为了支撑画面效果而存在的。设计师们根据服装的不同特性选择不同的人体动态，一般都是展现服装的正面效果，所以在服装效果图中最常用的动态就是站姿和走姿。

1.站姿

站立动态是最常用的动态之一，它包括多种不同的站立姿势，是最能够全面展示服装特点的动态。它的优点在于可以通过不同角度的动态，清晰展示出服装的画面效果，给人的感觉类似于服装店内陈列的橱窗模特，直接将服装最好的一面展现给消费者。

绘制解析

第1步：确定重心线，绘制出胸腔和盆腔的动态关系。　　第3步：完成腿的绘制并画出手臂及胸部。

第2步：顺着盆腔的方向画出受重腿与辅助腿。　　第4步：用圆顺的线条勾勒出人体的轮廓线。

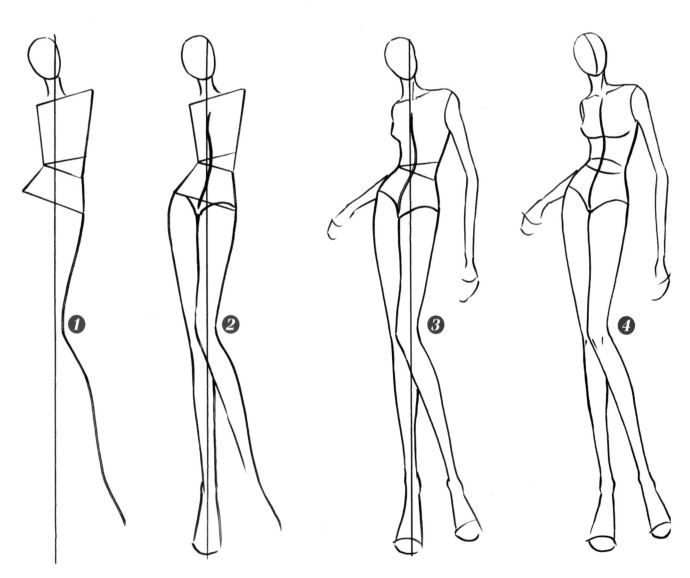

常用人体站姿

　　肩线和臀线处于延长线交叉状态，重心腿是沿着盆腔边缘顺线画出的；绘画时保持画面的平衡，确保重心线垂直于地面。在确定人体的基本动态后，手臂的摆放姿势对人体的动态并没有太大影响，可以根据人体的动态调整手臂的造型。

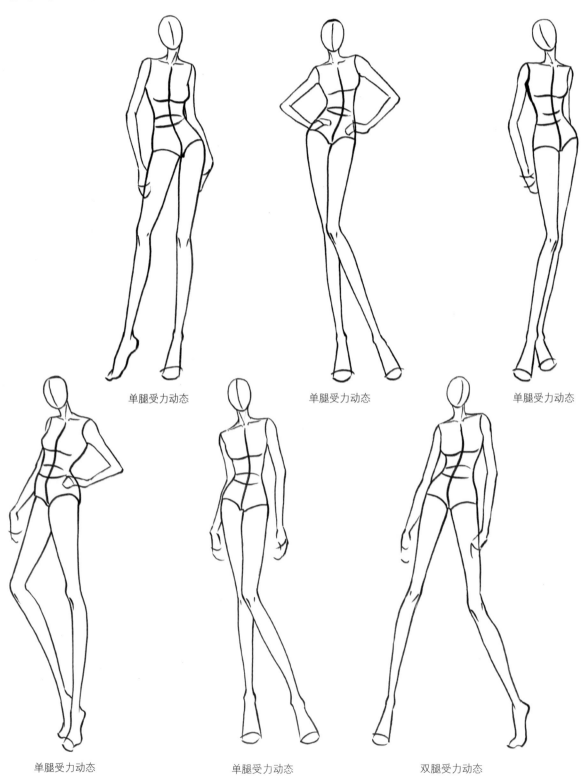

单腿受力动态　　　　　　单腿受力动态　　　　　　单腿受力动态

单腿受力动态　　　　　　单腿受力动态　　　　　　双腿受力动态

2.走姿

走姿一般是以秀场上行走的模特为参考而绘制出的人体动态图，行走时重心主要落在一只脚上，另外一只脚处于抬起状态，整个身体向重心脚倾斜，手臂的摆动方向和腿部呈相反状态。行走的动态与站立的动态相比更加生动自然，手臂摆脱了站立动态里定位点的束缚，更接近随意的生活状态，在服装效果图中的表现效果更好。

绘制解析

第1步：绘制出头部、颈部、胸腔、盆腔和受重腿的动态关系。

第2步：完善受重腿的线条并绘制辅助腿。

第3步：画出摆动时的手臂动态。

第4步：勾勒人体的轮廓线。

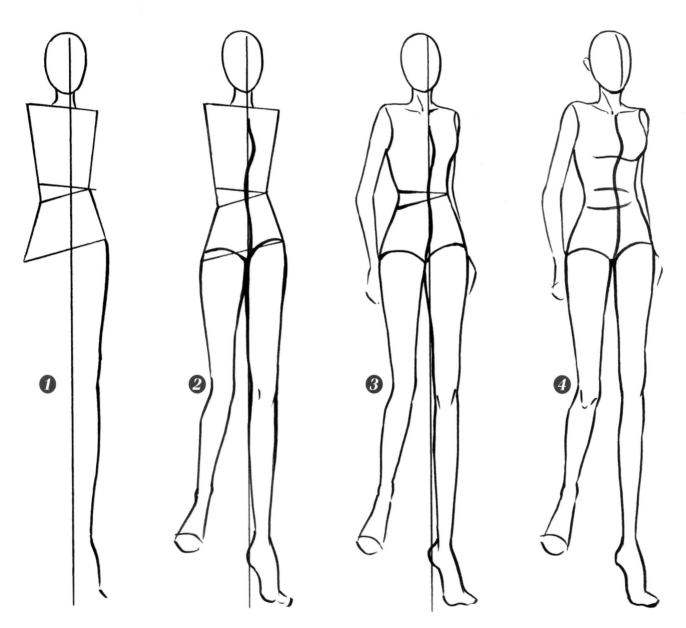

常见人体行走动态

人体在走动时，手臂摆动的方向与腿部行走的方向相反，右腿向前迈时左臂向前摆动，左腿向前迈时右臂向前摆动。

重心线的位置随着人体行走的姿势左右变动，但重心线始终经过锁骨的中间点。

3.坐姿

人体处于坐姿状态时身高比例会发生明显变化，整体高度比例下降，大腿比例缩短，腰部、腿部弯曲，但画面感强，是时装插画中常用的动态。

绘制解析

第1步：由于人体比例发生变化，因此绘画时要注意肩部、腰部和臀部的关系。

第2步：右臂和臀部同时受力，重心线落在右臂和臀部之间；

坐下时腿部呈弯曲状态，大腿比例缩短，小腿比例不变。

第3步：画出支撑手臂的轮廓。

第4步：勾勒整体轮廓线。

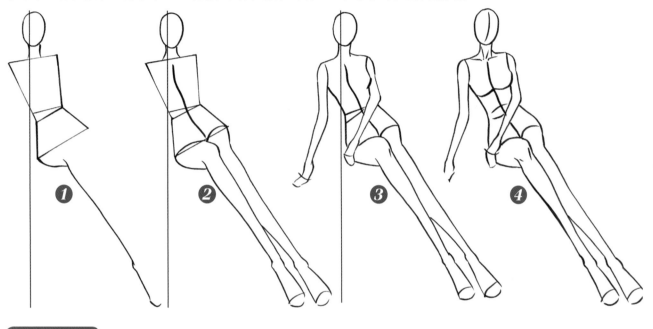

常见人体坐姿

3/4侧面的坐姿可以充分展现大腿的长度。正面的坐姿中虽然不能将大腿全面地展示出来，但造型特别，画面感强。

4.卧姿

卧姿能够充分展现女性柔美性感的一面，姿态婀娜，曲线明显，线条柔美，适合展示带有性感设计元素的服装。卧姿中重心一般落在手臂上，因为手臂承担了上半身的重量。

绘制解析

第1步：绘制肩部、腰部和臀部的动态关系。

第2步：确定重心，绘制腿部的线条。

第3步：画出支撑手臂的轮廓线。

第4步：勾勒整体轮廓线。

常见人体卧姿

除躺着的姿势外，大部分的卧姿重心都落于手臂上，起到支撑身体的作用。

5.跪姿

　　跪姿在服装广告片中经常出现。绘制服装效果图时，设计师应根据服装的特性选择不同的动态展示。跪姿多出现在画面冲击力强的作品中。

绘制解析

第1步：确定重心线，着重绘制腿部的造型。

第2步：画出腿部造型，重心线落于两腿之间。

第3步：画出手臂的线条。

第4步：勾勒整体轮廓线。

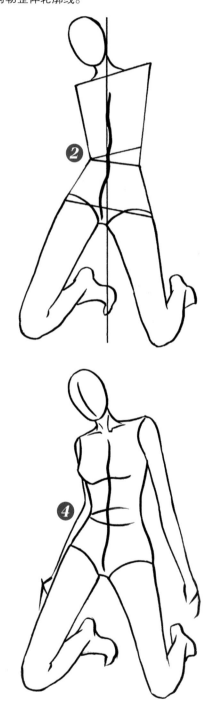

常见人体跪姿

通过双膝和手臂的变化表现不同的动态。

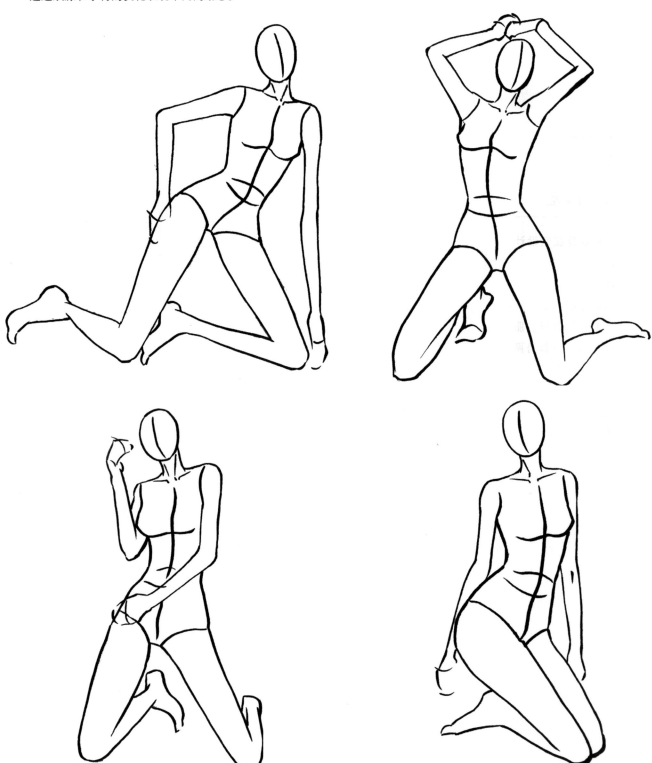

03

服装效果图中的款式表现

　　服装款式是服装设计表达方式的初级阶段，它要求设计师们了解人体的基本比例和结构，掌握服装的基本造型、轮廓形状、面料质感和图案绘制等多个方面的知识。服装款式一般由服装结构和流行趋势两方面组成，其中服装结构作为主要元素直接决定了服装款式的外观呈现效果；流行趋势作为辅助元素出现，通常在服装的细节和图案上有所表现，但有时也被作为主要元素直接决定服装款式的外观。

3.1 外套的表现

外套是服装款式中的重要单品，也是设计稿中不可缺少的关键款式。绘制它的首要条件是要了解外套穿着在人体身上的比例关系和服装的褶皱关系。根据它的外观和功能性，主要分为风衣外套、大衣外套、西装外套和休闲外套4类。

3.1.1 风衣外套

风衣是一种适用于春秋外出时穿着的外套，也是近年来比较流行的服装款式之一，它具有款式新颖、外观漂亮和造型多样等多个优点。随着流行趋势的变化，风衣的款式也在发生着变化，但经典款的风衣永远都不会过时。风衣按长度可分为长、中长、中和短4种，其中中长款风衣最为常见。

绘制解析

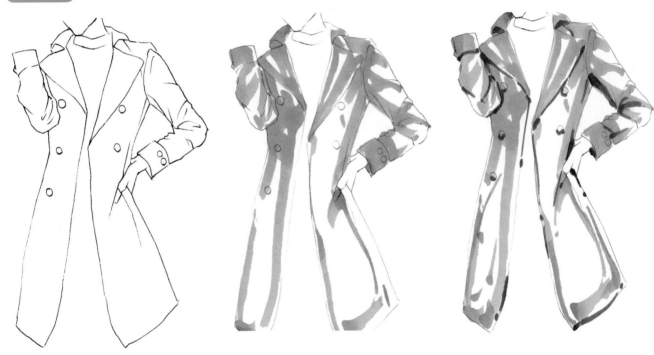

step 1 用铅笔绘制风衣的轮廓线，注意两个袖子的画法。由于手臂处于弯曲状态，肘部内侧褶皱居多，因此在绘制时要着重注意褶皱的表现方法；铅笔要顺着褶皱的方向进行绘制，线条呈现出以肘部内侧为中心向外扩散的效果。

step 2 上色的方法多种多样，本范例只代表其中的一种画法。由于衣领的占比面积小，上色比较好掌握，因此先从衣领开始着色，笔触沿着衣领边缘进行上色，保持部分留白。绘制袖子时切记要沿着褶皱的方向进行着色。衣身着色时可以通过绘制几条代表性的线条来表示。如果掌握不好这种上色方法，也可以换成平涂的方式，保持后面的步骤不变即可。

step 3 选择同色系深色作为暗部颜色，分别绘制出领子、腋下、褶皱和扣子的阴影。

袖子褶皱上色细节

| 用铅笔绘制轮廓线及褶皱线。 | 用粉色马克笔绘制袖子的基础色。 | 沿着褶皱方向绘制暗部颜色。 | 用小楷笔勾勒外轮廓线。 | 勾勒褶皱线。 | 绘制褶皱的高光。 |

4 *step* 用小楷笔勾勒风衣的外轮廓线，在绘制时掌握好力度，注意在起笔和收笔时的笔触相对重一些、线条粗一些。绘制肘部外侧的线条及腋下的线条时可以加粗，肩部和肘部之间的线条可以相对轻一些或者轻轻带过即可；衣身轮廓两端着重刻画，中间带过即可。

5 *step* 用浅粉色针管笔绘制衣摆处的花纹图案。在有把握的情况下可以直接进行绘制，也可以选择先用铅笔起形，再用针管笔勾线。

6 *step* 用深粉色针管笔绘制花纹内侧的线条，增加层次感，丰富画面。

知识拓展

　　风衣有长、中长、中、短之分，在穿着时一般都会在腰部搭配一条腰带，可以展现女性纤细的腰部。短款风衣相对比较少见；中长、中款风衣有修身、宽松、有领和无领等多种不同的款式；长款风衣穿着给人中性的感觉，腰部系带给服装整体增加了细节。

无领子
风衣

两件套
式风衣

双层设计

长款风衣

3.1.2 大衣外套

大衣款式一般随着流行趋势的变化而变化，除了长短的变化还有廓形变化。按衣身长度可分为长、中、短3种；按材质可分为毛呢大衣、皮革大衣和棉质大衣等多种，其中毛呢大衣是冬季秀场上的宠儿，受到人们的追捧，几乎无处不见。

绘制解析

1 step　本范例的外套款式属于宽松跨肩款，肩部和袖子拼接线的位置较常见款式的位置偏下。先用铅笔绘制出整体的外轮廓线，紧接着绘制出领口、口袋、纽扣和内部装饰线条，最后画出袖子的褶皱部分。

2 step　先用浅蓝色沿着衣领边缘开始着色，然后顺着肩部的褶皱方向绘制出肩部的颜色，保持部分留白，再用几笔概括衣身的颜色。

3 step　继续用相同颜色的笔填充肩部和衣身的颜色，减少留白面积。

4 step　用同色系深蓝色绘制暗部颜色，分别绘制出领子、腋下和褶皱的阴影。

① 用铅笔绘制线稿。

② 用浅蓝色绘制领子和肩部的颜色。

5 step 用小楷笔勾勒轮廓线，勾勒时要注意笔触的变化，并掌握下笔时的力度，加重肩部线条的力度。

③ 继续用浅蓝色绘制肩部的颜色，减少留白面积。

④ 绘制领子和袖子褶皱的暗部。

6 step 用浅黄色填充领口边缘、口袋边缘及衣身边缘的颜色。最后整体进行画面调整，追加部分暗部颜色，添加高光，使其更加生动。

⑤ 用小楷笔勾线。

⑥ 用浅黄色填制领边的颜色。

知识拓展

　　中长款宽松版大衣是目前为止最普遍的大衣，是生活中必不可少的过冬衣物。长款直筒型大衣忽略了腰身部位，从肩部到底摆都处于直筒状态。长款修身大衣的收腰设计使下半身显得更加修长，穿着后拉长了整体的身高比例。

注意肘部褶皱的上色

中长款大衣

翻领款式大衣

系扣款式大衣

3.1.3 西装外套

西装外套并没有固定的样式，有的收腰，有的呈直筒形，有的开一个口袋或两个口袋，有的无袋。从实用性上可分为日常西装和休闲西装两种；从扣数多少上可分为一粒扣、两粒双排扣、三粒扣、四粒双排扣和六粒双排扣等多种。

绘制解析

1 step
本款为收腰款西装外套，领口为平驳领的时尚拼接款。先用铅笔绘制外轮廓线、口袋线及内部褶皱线，再标注出六粒双排扣的位置关系。

2 step
先用红色系中的浅灰色绘制西装外套的衣上片、领上片和袖上片的颜色，填充画面时保持部分留白。

3 step
再用蓝色系中的中度灰绘制西装外套的衣下片、领下片和袖下片的颜色。袖子沿着肩部向下的走向进行着色；衣前片和领子以中间线条为分割线分为左右两片，各按横向进行着色；纽扣的位置尽量保持留白。

4 step
选用红色系中的深灰色绘制衣服上半部的暗部颜色，然后选用蓝色系中的深灰色绘制衣服下半部的暗部颜色，接着用黑色填充纽扣的颜色。

5 step
用小楷笔勾勒出领子、口袋、纽扣和袖子等的轮廓线，腋下的线条可以加粗。

6 step
用高光笔绘制西装上的装饰线条，增加服装细节，最后绘制高光。

领口上色细节

绘制铅笔线稿。　　用浅灰色填充上半　　用中度灰填充下半　　绘制阴影。　　　　勾线、填充纽扣的　　用高光笔绘制条纹细
　　　　　　　　　部领片的颜色。　　部领片的颜色。　　　　　　　　　　　颜色。　　　　　　　节，用涂改液绘制高
　　　光。

知识拓展

除了基本的日常西装外，休闲西装也很受欢迎，它既有西装给人的庄重感觉，又少了西装给人的束缚感。

四粒双排扣款式

衣摆蓬松
款式

六粒双排扣不规
则款式

条纹西装
内搭衬衫

撞色搭配

3.1.4 休闲外套

　　休闲外套的风格多种多样，包括运动外套、牛仔外套和夹克等多种款式。休闲外套具有穿着舒适、活动自如和无束缚感等优点，它可以在多种场合下穿着，例如出去游玩和运动时可以穿运动外套，出去会见朋友和外出吃饭时可以穿夹克或牛仔外套等。

绘制解析

step **1** 用铅笔绘制外轮廓线、褶皱线及内部装饰线，注意领子的结构。

step **2** 用黄色马克笔进行平涂上色，注意颜色不要画到轮廓线外。如果不能熟练应用马克笔，建议上色时笔尖与轮廓线保持一定的距离，没被填充到颜色的这部分区域可以在最后用小笔触将其涂满，这样可以避免画到轮廓线外，保持画面的整洁、美观。

step **3** 用土黄色马克笔绘制领子的内侧、腋下及褶皱的暗部颜色。

step **4** 选用深棕色针管笔绘制衣前片的交叉状装饰线，以及袖口和底摆的竖条纹装饰线。

step **5** 　用黑色针管笔或小楷笔绘制肩部、领下、口袋和袖子内侧的黑色装饰线条。

step **6** 　用小楷笔勾勒轮廓线，注意笔触的变化，尽量避免全部画成同等粗细的线条，从而影响画面的灵动感。

step **7** 　用高光笔提亮亮部，分别在领子、袖子和衣身上绘制高光，增加衣服的质感。

局部上色细节

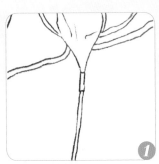

绘制铅笔稿。

平涂底色。

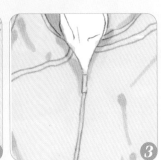

绘制阴影的颜色。

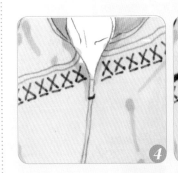

用彩色针管笔绘制交叉状的装饰图案。

填充黑色装饰线条。

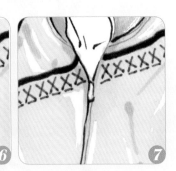

勾勒轮廓线。　绘制高光。

知识拓展

　　休闲外套最大的特点就在于无束缚感，以舒适为主，在不同的场合可以选择不同类型的服装进行穿着，例如打羽毛球时可以选择运动休闲外套，其款式宽松，面料弹性好，方便手臂的伸展。

短款夹克

牛仔外套

运动外套

3.2 裙子的表现

　　裙子是女性最具代表性的服装，在日常生活中经常出现，四季均可以搭配不同的衣服穿着。它是秀场上必不可少的服装款式，同时也是绘制服装效果图必须学会的款式。想要熟练地掌握裙子的款式及画法，首先要了解裙子的种类。从外观角度上裙子可分为礼服裙、包臀裙、喇叭裙和蓬蓬裙等多种。

3.2.1 礼服裙

　　礼服裙是秀场上的宠儿，也是服装设计师们的宠儿，在每一季的服装秀场上都会出现。它以修身款居多，可以充分展现女性性感的一面。礼服裙一般出现在比较正式和庄重的场合，例如秀场、晚宴或者发布会上；根据场合的不同，也可以选择不同类型的礼服裙。

绘制解析

step 1 用铅笔绘制外轮廓线及内部褶皱线，裙子中间的两条褶皱线代表的是大腿内侧的结构线。

step 2 用小楷笔勾勒出外轮廓线及内部的褶皱线，下笔时注意笔触的粗细变化，可以出现适当的断线，以增加线条的形式美感。

step 3 选择浅粉色马克笔进行有笔触的上色，保持部分留白；下笔时手臂呈放松状态以保持笔触的松动，不要过于紧张和压抑。上色时注意不要将颜色填充到轮廓线外，以保持画面的整洁。

step **4** 用深粉色马克笔绘制暗部的颜色。绘制的主要是裙摆的位置，因为裙摆的褶皱量比较多、暗部的面积多。

step **5** 用白色高光笔绘制礼服裙上的闪光点，画出闪闪发光的感觉。

step **6** 用粉色针管笔绘制裙子上的暗纹装饰图案，画出渐变效果；胸部稍微点缀一下即可，主要表现出从腰部到裙摆处的递增效果。

裙摆褶皱上色细节

绘制铅笔稿。

用小楷笔勾线。

沿着褶皱方向绘制基础色。

绘制阴影的颜色。

用高光笔绘制闪光效果。

用彩色针管笔绘制纹样。

知识拓展

秀场上出现的礼服裙主要有抹胸长裙、修身长裙、蕾丝长裙和鱼尾长裙几种不同类型。蕾丝裙的花纹美观、面料通透，通常搭配其他面料一起出现。乔其纱和雪纺也是礼服裙的常用面料，可以充分运用乔其纱通透和雪纺飘逸的特点做出不同感觉的礼服裙。鱼尾裙是以膝盖为分割点，裙摆开始慢慢变大呈鱼尾状的裙子，让人穿上有一种美人鱼的感觉。

彩铅上色效果

用小楷笔沿着裙摆的走向进行绘制

面料的花纹

鱼尾裙

3.2.2 包臀裙

包臀裙的外观形状像个花苞一样，臀部略宽，裙摆收紧，适合身材较好的女性穿着。包臀裙通常选择有弹性的面料制作，方便身体活动；也有少部分会选择类似牛仔面料这种弹性较小的面料，但相对于弹性面料来说版型上会有所区别。包臀裙是紧贴身体穿着的裙子，可以直接展现女性的腰部和臀部的曲线。

绘制解析

step 1 用铅笔绘制外轮廓线、口袋线及内部褶皱线。

step 2 用小楷笔勾勒轮廓线。绘制外轮廓时要注意笔触的粗细变化，内部结构线可以用针管笔进行绘制。

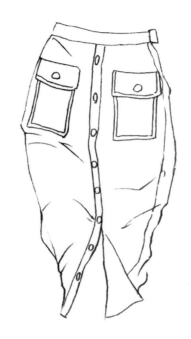
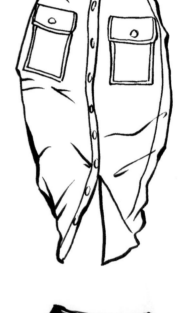

step 3 选择浅棕色马克笔进行平涂上色，笔触松动自然，保持画面部分留白。

step 4 选用深棕色马克笔绘制裙子的暗部及纽扣的颜色。

step 5 对画面进行整体调整，加粗外轮廓线条，再用涂改液绘制高光。

口袋上色细节

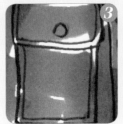

绘制线稿。　　用小楷笔勾线。　　用棕色马克笔填充基础色。　　绘制口袋阴影的颜色。　　用涂改液绘制高光。

知识拓展

　　包臀裙主要分为短款和中长款两种，版型偏小但面料弹性好，穿着合身，凸显曲线，款式和色彩上也有多种选择。开衩包臀裙能展露出一双美腿的倩影，开衩的长短决定它的性感程度，也可以让腿部比例看起来更加修长、身材曲线更加苗条。

在浅底色的前提下可以先平涂底色后再细画印花图案

马克笔和彩铅的结合

包臀裙和小群摆的结合

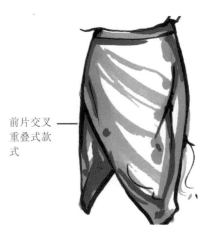

前片交叉重叠式款式

3.2.3 喇叭裙

喇叭裙像一朵盛开的喇叭花，从腰部到裙摆处慢慢绽开，有着自然下垂的大波浪，走动时有一种飘逸的感觉。它在日常生活中比较常见，只是随着季节的变化面料也有所变化，夏季有雪纺裙、薄棉质裙等，冬季有针织裙、呢绒裙等。

绘制解析

局部上色细节

step *1* 用铅笔绘制外轮廓线及内部褶皱线。

step *2* 用小楷笔勾线，加粗外部轮廓的线条，注意笔触变化。

step *3* 用浅蓝色马克笔填充腰部的颜色，顺着裙摆褶皱的方向进行绘制。为了表现裙摆飘逸的感觉，在上色时可以把颜色画到轮廓线外，但线条不要过多，以免影响到画面的最终效果。下笔时一定要干脆利索，不要反复绘制同一根线。

step *4* 用深蓝色马克笔在褶皱的位置绘制裙子暗部的颜色。

step *5* 调整画面，绘制高光。

绘制线稿。

用小楷笔勾线。

上色时笔触可以填充到线稿外。

绘制阴影。

调整画面。

知识拓展

　　喇叭裙的款式主要有抽褶裙和折裥裙两种类型，两者在外观上除了腰部略有差别外，其他位置的区别并不明显。款式变化多种多样，呈现的效果也多姿多彩，设计师可以根据自己的喜好进行设计。

面料较硬挺，几乎没有褶皱

裙摆较大，版型打开几乎呈正圆形

自然垂直状态下底摆围度正常，注意褶皱的绘制

3.2.4 蓬蓬裙

蓬蓬裙的裙摆内部一般是由金属或多层内衬支撑起来的，这是为了使其穿着在人的身上后裙摆更加挺括、有立体感。在裙摆与腰身的鲜明对比下，女性的腰身显得更加纤细、身姿更加婀娜，为了再次强调腰部的纤细，很多设计师都会给蓬蓬裙配一条腰带。

绘制解析

1 step　用铅笔绘制外轮廓线及内部褶皱线。绘制褶皱线时尽量避免出现平行线，以免影响画面美感。

2 step　用小楷笔勾勒轮廓线，注意笔触的变化。

3 step　用浅灰色马克笔沿着衣领褶皱的方向进行上色，保持部分留白。

4 step　用中度灰马克笔绘制裙摆的颜色，先画出主要的几根线。

step 5 继续用中度灰填充裙子的颜色，保持部分留白。

step 6 用深灰色填充裙子暗部的颜色。

step 7 用接近黑色的重度灰绘制裙子的暗部，线条可以随意一些，让画面更加生动。

裙摆上色过程中线条的表现

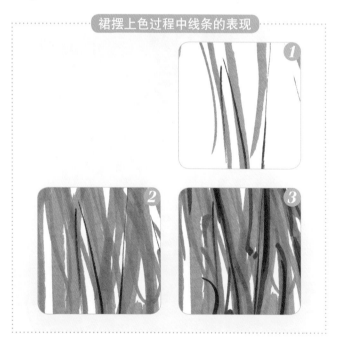

知识拓展

　　蓬蓬裙的外观廓形明显，内部层次丰富。现今的蓬蓬裙已经不仅仅是复古典雅的代名词了，它可以展现出多种不同的女性风格。一部分人选择它的原因是它可以遮挡不完美的臀部和腿部，给人以端庄华丽的感觉，让穿着者更加自信。

线条随意，
显得裙子更
加飘逸

裙摆用内衬
支撑起来

渐变的花
瓣图案，
从上到下
由少变多

3.3 T恤的表现

T恤已成为夏季衣橱里不可缺少的单品之一，现今已遍布世界的各个角落。T恤的结构设计简单，款式变化通常表现在领口、肩部、袖口、色彩、图案和面料等方面。如今T恤已不再只有款式单一的白T恤，常见的有圆领T恤、露肩T恤、无袖T恤和长款T恤等多种不同的款式。

3.3.1 圆领T恤

圆领T恤作为最基础的T恤款式，已成为我们生活中必不可少的服装。圆领T恤比较普遍，人们经常搭配短裤或牛仔裤穿着，在服装效果图中也经常出现。它的绘制方法多样，绘画材料不限。

绘制解析

step 1 本款T恤是印有字母图案的圆领T恤，前片由上下两片拼接而成。先用铅笔绘制出T恤的外部轮廓线，再绘制出前片的拼接线、褶皱线和内部字母图案轮廓线。

step 2 用小楷笔进行勾线，在第一步的基础上进行勾勒，注意笔触的变化，然后用橡皮擦掉多余的线迹。

step 3 选择浅肤色的马克笔平涂T恤的前下片，下笔时用力要均匀，保持笔触不变，这样画出的线条比较整齐，画面晾干后也不容易出现笔触重叠的痕迹。

step 4 用中黄色马克笔平涂T恤的前上片，掌握好笔触，不要将颜色填充到轮廓线外，保持画面的干净整洁。

step 5 用深肤色马克笔绘制T恤前下片的暗部，强调褶皱位置的堆叠效果。

step 6 用土黄色马克笔绘制腋下和领口的暗部。

step 7 用黑色马克笔或小楷笔填充字母内部的颜色。

step 8 调整整体画面，最后用高光笔或涂改液绘制高光部分，让衣服看上去更有质感。

局部上色细节

绘制铅笔稿。

用小楷笔勾线。

填充颜色。

知识拓展

　　字母图案很受年轻人的追捧，符合当今社会的流行趋势，它可以作为独立的印花图案单独出现在T恤上，有时也与其他小图案结合应用。T恤的颜色也不再只有单一的白色，已经变得五颜六色、丰富多彩了。

空心字体
字母图案

实心字体
字母图案

字母搭配
小图案

小图案

3.3.2 露肩T恤

露肩T恤是比较时髦的T恤款式，它是在原有T恤的基础上进行了再次设计。除了正常的露肩形式外，还有肩部系带设计等多种不同的表现手法。

绘制解析

step **1** 用铅笔绘制外部轮廓线、褶皱线及内部字母图案的轮廓线。

step **2** 本范例为水彩上色，先在调色板上调和出浅紫色，一定要保证有足够的水分；再用小号的圆头水彩笔上色，画面不要全部涂死，部分留白。

step **3** 在颜色干了之后，再用调和好的深紫色给暗部上色。

step **4** 本范例是用小楷笔进行勾线。切记，一定要在画面干了之后再进行勾线，否则线迹会被水晕开而弄脏整幅画面。如果选用专用的水彩勾线笔或水彩针管笔勾线，就不会出现类似的问题。

step **5** 用小楷笔或水彩颜料填充字母内部的颜色。

step **6** 调整画面，追加高光。

水彩字母图案着色细节

绘制铅笔稿。

填充T恤底色。

填充字母颜色。

知识拓展

　　露肩T恤有宽松款和紧身款之分，它们分别给人不同的感觉。宽松款偏休闲，可以搭配牛仔裤穿着；紧身款偏淑女，可以搭配短裙穿着。

水彩颜料的特别晕染效果

字母图案随着衣服褶皱的方向发生变化

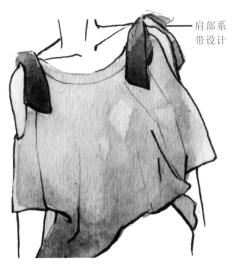

肩部系带设计

3.3.3 无袖T恤

无袖T恤就是从肩峰处开始露出整个手臂的T恤，对穿着对象比较挑剔，适合肩部较瘦、手臂较细的女孩穿着。它的优点在于无袖子的束缚，使穿着者更加便于运动，抬伸手臂方便自如。

绘制解析

step 1 用铅笔绘制外部轮廓线、内部装饰线及狗狗图案的轮廓线。

step 2 范例为水彩上色。先在调色板中调和好浅粉色并融合足够的水分，本次进行平涂式上色，将T恤全部涂满，仅留出中间狗狗图案部分。

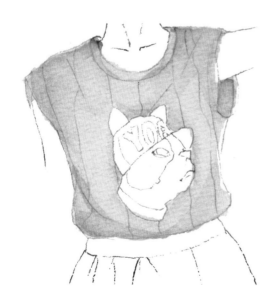

step 3 调和出深一度的粉色作为暗部的颜色，分别在袖笼内侧、肩部和衣褶的位置进行上色。

step 4 分别调和蓝色、浅紫色和深棕色来填充狗狗图案中的帽子、下巴和项圈的颜色，这里可以用小号圆头水彩笔进行刻画。注意要留出狗狗的眼睛部分及帽子上的字母图案。

step 5 调和深灰色，给狗狗的眼睛、脸部、鼻子和嘴巴上色，然后加深狗狗的脸部颜色。

step 6 调和红棕色，用小号圆头水彩笔的笔尖画出T恤内部条格装饰线，绘制时不要留有太多水分。

step 7 整体调整画面，绘制高光，增加狗狗项圈的细节。

狗狗图案上色细节

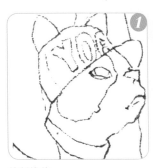

绘制线稿。

填充帽子、面部和项圈的颜色。

绘制眼睛、鼻子和嘴巴的颜色。

勾线及绘制项圈的细节。

知识拓展

水彩颜料比较通透，一般不会遮挡底部线稿的颜色，所以在用水彩颜料上色时不勾线也是可以的。

 款式前短后长且
后片开衩设计

3.3.4 长款T恤

近年来随着流行趋势的变化，长款T恤已逐渐走进人们的视野，外观上它介于普通T恤和连衣裙之间，有着T恤给人的外观感觉和连衣裙该有的长度。长款T恤可直接穿着也可搭配长裤穿着。

绘制解析

Step 1 本案例为V领休闲长款T恤。用铅笔绘制外轮廓线、褶皱线、图案装饰线和手提包的轮廓线。

Step 2 用小楷笔进行勾线，注意笔触变化，然后用橡皮擦拭掉铅笔线迹。

Step 3 继续用小楷笔勾勒出中间字母图案的轮廓线。

Step 4 用浅灰色马克笔进行平涂式上色。由于字母图案是白色的，不可以被覆盖，因此在填充底色时先留出字母图案的区域。

Step 5 用中灰色马克笔绘制T恤袖子和褶皱的暗部。

Step 6 用深灰色马克笔对暗部进行深入刻画，并用黑色马克笔填充手提包的颜色，注意留出少部分的高光。

step 7 用黑色马克笔填充图案内部的颜色，留出白色字母形状。

step 8 绘制T恤的高光，增加手提包的细节。

条格字母图案上色细节

绘制线稿。

填充T恤的基础色并绘制阴影。

填充图案的颜色。

知识拓展

　　长款T恤包含运动T恤、流苏T恤、条格T恤和字母T恤等多种款式。面料选择的都是有弹性的面料，手感柔软，悬垂性好，适合贴身穿着。

长款运动T恤

长款流苏T恤

侧边开衩设计

3.4 裤子的表现

　　早期裤子的款式和颜色都很单一，主要以宽松裤为主，但现在裤子的款式已变得多种多样，颜色也开始丰富起来。裤子的款式变化主要由裤长和裤腿的松紧程度决定。按裤长可分为短裤、七分裤、九分裤和长裤；按裤腿的松紧程度可分为紧身裤、直筒裤、休闲裤和宽松裤。本小节主要介绍具有代表性的短裤、紧身裤、直筒裤、休闲裤和宽松裤。

■ 3.4.1 短裤

　　短裤有着丰富的颜色、时尚的款型和多变的设计，它的特点就是能够充分展示腿部的线条，拉伸腿部的比例，拉长身高，适合年轻人穿着。

绘制解析

step 1 用铅笔起形，绘制外轮廓线、结构线、褶皱线及字母图案。

step 2 用浅粉色马克笔进行上色，有两种上色方式可以选择，平涂式或者部分留白式。范例中为第二种画法，如果不擅长这种画法也可以尝试第一种画法，不影响后面的步骤。

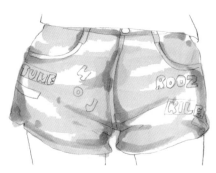

step 3 正常站立状态下裆底部处于背光部分，所以用深粉色马克笔分别绘制腿侧、口袋和裆底部的暗部颜色。

step 4 在第3步的基础上加深暗部颜色，调整画面。

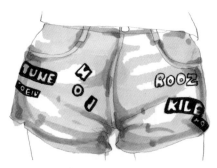

step 5 用黑色针管笔绘制字母图案，填充含有字母图案的贴布颜色。

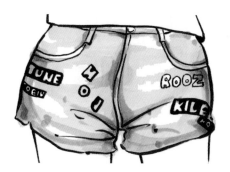

step 6 用小楷笔勾勒外轮廓线、内部结构线及褶皱线。

挡部上色细节

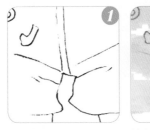  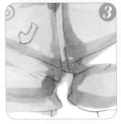 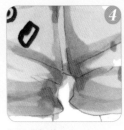 

绘制线稿。 填充裤子基础色。 绘制阴影。 加强暗部的颜色。 勾线。

知识拓展

短裤有高、中、低腰之分，其中低腰牛仔短裤最为普遍。绘制短裤时，除了上色很重要外，如何表现挡部的褶皱也很重要。

低腰牛仔短裤

高腰短裤

3.4.2 紧身裤

　　紧身裤是指从腰部到腿部的紧身长裤，裤长处于膝盖和脚踝之间，通常为女性所穿着，因为它可以衬托出女性下半身的柔美曲线，可以使臀部更加挺翘、腿部更加修长。

绘制解析

step 1 范例为紧身牛仔裤，裤子紧贴在大腿和小腿上。用铅笔沿着大腿和小腿的结构进行绘制，特别注意膝盖处的褶皱线的表现。

step 2 湖蓝色作为牛仔裤的基础色，分别在裆部、大腿内侧、膝盖、小腿和脚踝处进行上色。

step 5 用小楷笔勾勒外轮廓线、内部结构线和褶皱线。本图不需要单独绘制高光，前面的留白面积已经足够了。

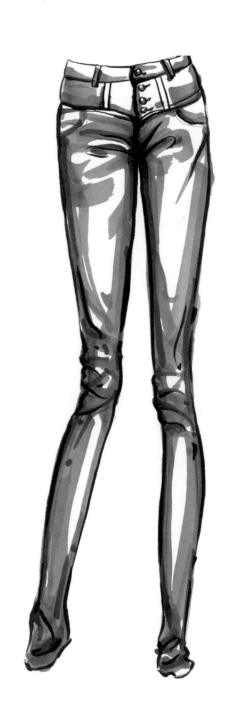

step 3 继续用湖蓝色填充裤子的颜色，减少留白面积，根据腿部和褶皱的方向进行上色。

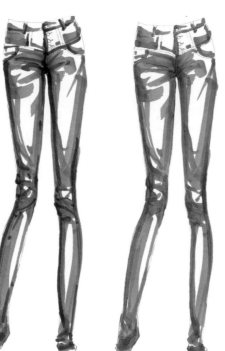

step 4 用深蓝色绘制裤子的暗部，强调轮廓线和褶皱线。

档部上色细节

绘制线稿。　　　填充裤子的基础色。　　　继续填充裤子的底色。　　　绘制阴影。　　　勾线。

知识拓展

紧身裤也包括打底裤。打底裤的款式较少、面料弹性好，一般搭配短裤或者短裙穿着。

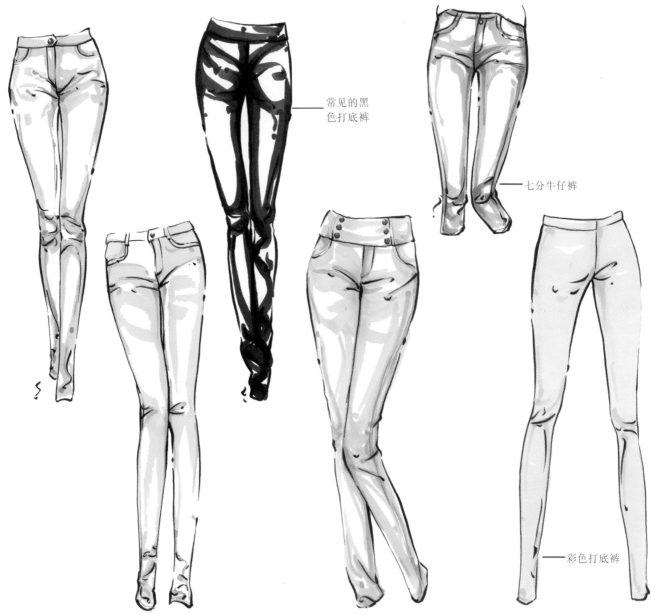

常见的黑色打底裤

七分牛仔裤

彩色打底裤

3.4.3 休闲裤

休闲裤就是穿起来比较休闲随意的裤子，具有面料舒适、色彩丰富和款式百搭等优点，适合所有的穿着者，不论体型的胖瘦、腿部的长短都可以。

绘制解析

1 *step* 范例为休闲七分裤，裤前片的两侧分别有三粒纽扣作为装饰。首先用铅笔绘制出裤子的外轮廓线，再画出内部的褶皱线及纽扣线。

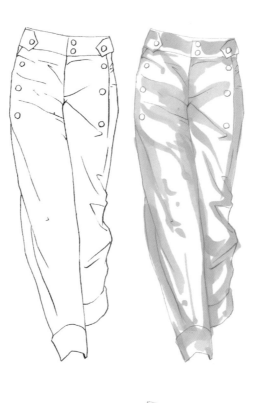

2 *step* 用浅蓝色作为基础色，分别在腰部、裆部、大腿和小腿处进行上色。由于左腿位于右腿的后方，左小腿几乎都处于阴影中，因此在上色时可以大面积填充左小腿的颜色。

3 *step* 用深蓝色绘制裤子的暗部颜色，强调暗部色彩，增加画面的层次感。

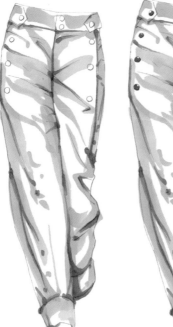

4 *step* 可以先用浅棕色填充纽扣的颜色，再用高光笔点缀高光；或者先将高光的位置留出来，再去填充纽扣的颜色。

5 *step* 用小楷笔勾勒外轮廓线、褶皱线及纽扣线。

档部及纽扣的上色细节

绘制线稿。　　填充裤子的基础色。　　绘制阴影。　　填充纽扣的颜色。　　用高光笔点出纽扣的高光。

知识拓展

在绘制休闲裤时要注意褶皱的表现，受力腿的褶皱的面积少于辅助腿的褶皱的面积。

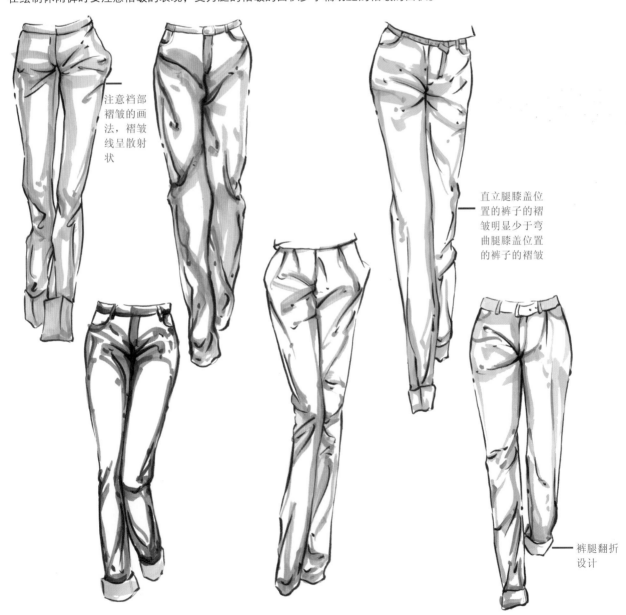

注意裆部褶皱的画法，褶皱线呈散射状

直立腿膝盖位置的裤子的褶皱明显少于弯曲腿膝盖位置的裤子的褶皱

裤腿翻折设计

3.4.4 直筒裤

直筒裤的裤腿挺直，给人整齐和稳重的感觉，也正因为裤腿上下一样宽的设计，使人穿着后腿部显得更加修长，而且可以遮挡腿型上的不足。

绘制解析

1 step 用铅笔起形，绘制轮廓线、裤腿对折线及褶皱线。

5 step 勾勒轮廓线，注意笔触的变化。

2 step 选择浅灰色作为基础色，顺着腿部结构及褶皱的方向进行上色，保持部分留白。

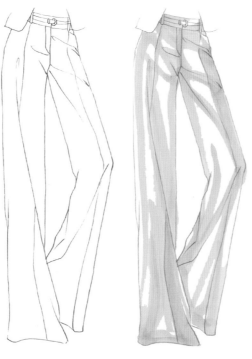

3 step 用中度灰绘制裆部和裤腿的暗部。

4 step 用深灰色继续刻画裤子的暗部，增加画面的层次感。

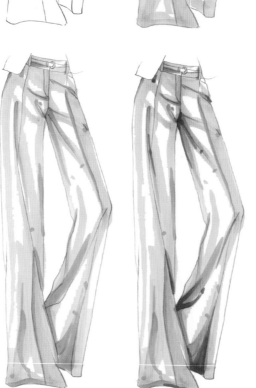

档部及纽扣的上色细节

绘制线稿。

填充裤子的基础色。

绘制阴影。

增加暗部的层次。

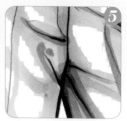
用小楷笔勾线。

知识拓展

西装裤属于典型的直筒裤，裤腿保持上下一样宽。

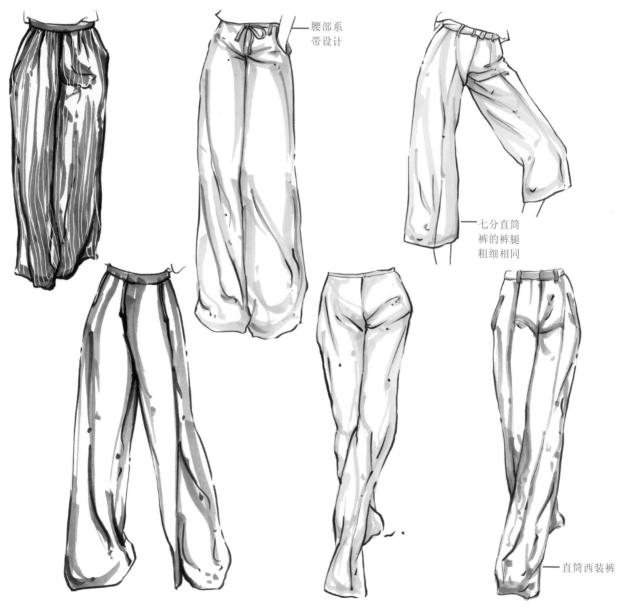

腰部系
带设计

七分直筒
裤的裤腿
粗细相同

直筒西装裤

3.4.5 宽松裤

宽松裤就是穿着起来比较肥大的裤子，主要体现在裤腿宽松有形，裤脚版型收紧或放大，整体呈宽松肥大的外观效果。

绘制解析

1 step 用铅笔起形，绘制外轮廓线和内部褶皱线。

2 step 用浅绿色作为基础色，顺着腿部的结构及褶皱的方向进行上色，保持部分留白。

3 step 用中绿色绘制裤子的裆部、侧边和褶皱的暗部。

4 step 用深绿色继续刻画裤子的暗部，完善画面，增加画面的层次感。

5 step 用小楷笔勾勒轮廓线，注意笔触的变化。

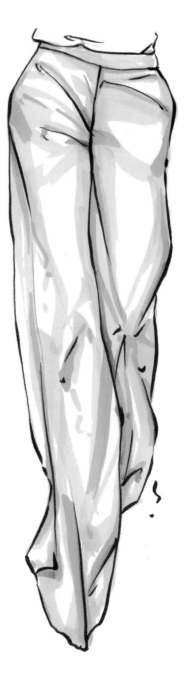

膝盖褶皱上色细节

用铅笔绘制膝盖褶皱线条。

填充裤子的基础色。

沿着褶皱的方向绘制阴影。

加深暗部的颜色。

用小楷笔勾勒褶皱线。

知识拓展

宽松裤比较受设计师们的喜爱，它的廓形大胆有个性。

裤口宽松，类似裙裤

裤腿宽松，裤口收紧

用线条的生动性表现出面料轻薄飘逸的感觉

3.5 文胸的表现

　　文胸是属于女性的特别内衣，主要用来保护和承托胸部，保持胸部的形状。它主要由杯面、前中心、侧比、后比、肩带和勾袢等多个重要部分组成。按杯型厚度可分为超薄杯、薄杯、中厚杯和厚杯；按材质可分为立棉、无纺布、模杯和水袋杯；按款式可以分为1/2杯、3/4杯、三角杯、蝴蝶杯和运动款文胸。文胸的面料主要包括刺绣花边、经编花边、网眼、超细、棉和色丁等。

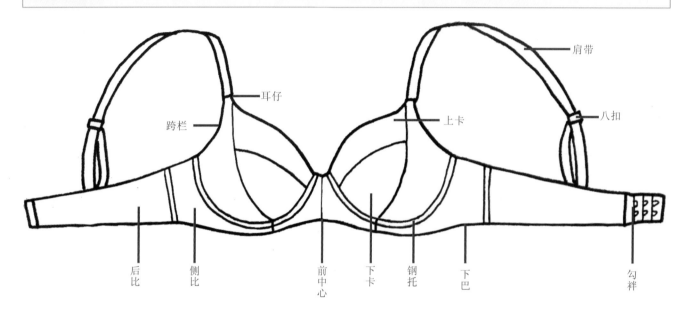

蜡质彩铅笔触

3.5.1 1/2杯

　　1/2杯文胸的碗口圆滑无耳仔，肩带一般做成可拆卸的，通常搭配一些特殊服装出现在特定的场合，例如新娘搭配婚纱时或者明星们搭配礼服时穿着。

`绘制解析`

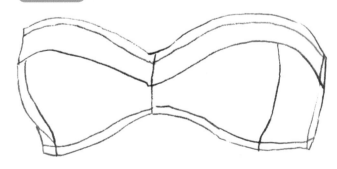

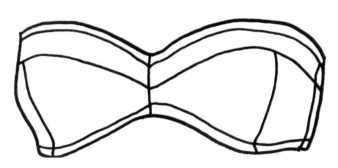

step 1　本款杯面为撞色拼接款文胸，无肩带设计。先用铅笔绘制轮廓线。

step 2　用0.5mm针管笔勾勒外轮廓线，然后用0.2mm针管笔勾勒内部分割线。

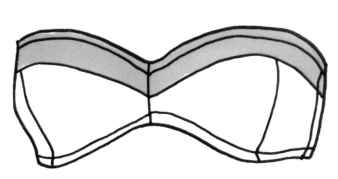

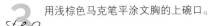
用浅棕色马克笔平涂文胸的上碗口。

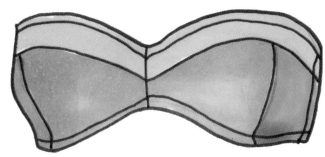
分别用浅粉色和玫粉色的马克笔填充文胸下碗的左右两片。

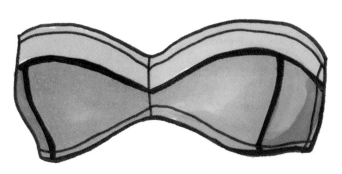

用深粉色马克笔绘制暗部阴影的颜色,加粗内部分割线。

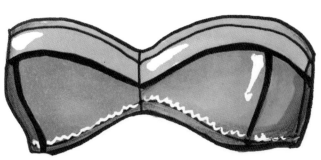

用涂改液绘制下巴的细节及杯面的高光。

知识拓展

　　1/2杯文胸的杯面主要有光面、压褶和缝合省道几种方式。光面文胸一般是通过高温一次性烫压而成的，将面料从平面转变成凹凸立体面，直接与模杯缝合。

超薄杯

印字母图案的宽松紧带做文胸底围带

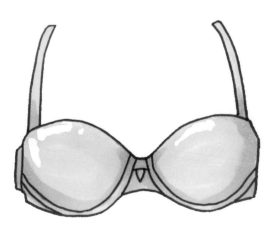

无肩带款，适合搭配婚纱礼服穿着

个性差色肩带设计

3.5.2 3/4杯

3/4杯文胸是最受欢迎的文胸，因为它具有碗口包容性好和拢胸效果好的特点。为了使碗口更加服帖，通常会在碗口处搭配窄花边，既可以使碗口服帖穿着不空杯，又可以起到装饰的作用。有下巴款文胸的聚拢效果最好，下巴可以稳固胸部的形状并将胸部向上承托。宽侧比的文胸能起到很好的侧收效果，将侧边的赘肉拢到前胸位置，使胸部看起来更加集中、聚拢。

`绘制解析`

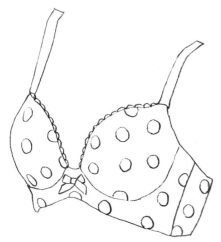

step 1 本款为圆点图案印花超细面料文胸，碗口搭配窄花边，前中心缝制花仔。先用铅笔绘制出外轮廓线，然后按顺序分别绘制出碗口的窄花边、杯面的圆点和前中心花仔。

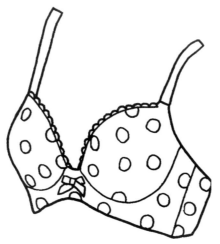

step 2 用0.5mm针管笔勾勒外轮廓线，然后用0.2mm针管笔勾勒内部的圆点图案及花仔。

step 3 用黑色针管笔或者小楷笔填充圆点图案。

step 4 填充黑色肩带，这里可以根据自己的喜好选择不同的颜色进行填充。

step 5 绘制粉色花仔。

step 6 文胸是白色的，这里可以选择浅灰色作为暗部颜色分别绘制出杯面、下巴和侧比处的暗部。

知识拓展

3/4杯文胸可以是多种材料的结合应用, 如印花图案与素色面料的结合、印花图案与蕾丝花边的结合、杯面与肩带的撞色搭配等。

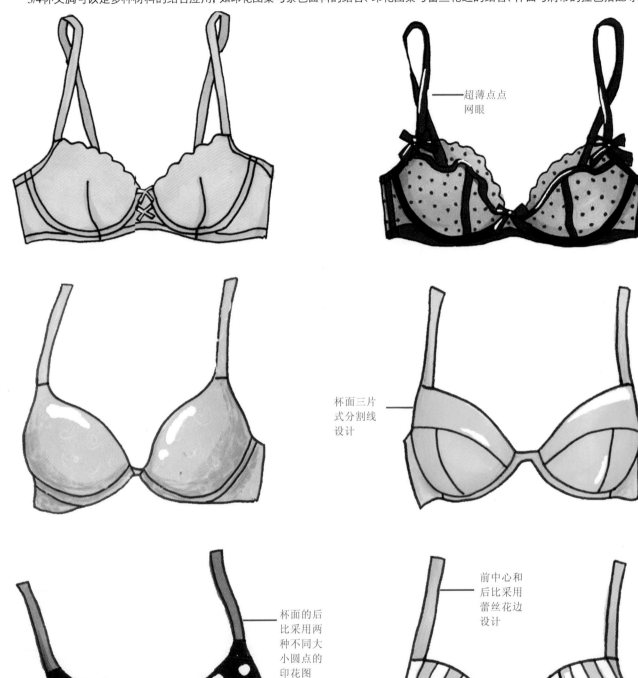

超薄点点
网眼

杯面三片
式分割线
设计

杯面的后
比采用两
种不同大
小圆点的
印花图

前中心和
后比采用
蕾丝花边
设计

3.5.3 三角杯

三角杯以舒适为主，大部分是无托的薄杯文胸，穿着后胸型比较自然，适合胸型较好且丰满的女性穿着。不同的面料适合不同的人穿着，蕾丝款超薄三角杯通透性感，适合成熟性感的女性穿着；棉质无托三角杯舒适自然，适合学生穿着。

绘制解析

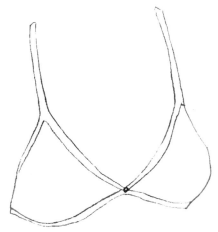

step 1 本款为无下巴前开扣三角杯文胸，碗口、下巴和肩带采用滚边设计。用铅笔绘制轮廓线，画出滚边的宽度。

step 2 用0.5mm针管笔勾勒外轮廓线，然后用0.2mm针管笔勾勒内部线条。

step 3 填充黑色滚边的颜色，留出前开扣的位置。

step 4 选择粉色马克笔平涂杯面。

step 5 用深粉色绘制杯面的暗部颜色。

step 6 用0.05mm的黑色针管笔绘制杯面上的花纹，最后进行画面调整后画出高光。

知识拓展

三角杯由于钢托位置的弧度小、无下巴和侧比窄等原因，导致它的承托和侧收效果不明显，穿着后胸型呈自然状态。

超薄杯蕾丝三角杯

系脖式三角杯一般出现在泳衣款式中

荷叶边装饰

彩色杯面搭配黑色装饰带，款式更加年轻时尚

3.5.4 蝴蝶杯

蝴蝶杯一般为一体式模压文胸，它前中心的窄与侧比的宽形成鲜明对比，在外观造型上就像蝴蝶张开翅膀一样。蝴蝶杯文胸与3/4杯文胸一样都具有侧提和聚拢效果好的特点，而且不管是有托还是无托的蝴蝶杯文胸，它们的聚拢效果都很好。

绘制解析

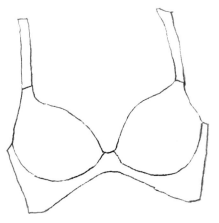

step 1 本款为光面一体式蝴蝶杯文胸。用铅笔绘制轮廓线，绘制时注意外观形状。

step 2 用0.5mm针管笔勾勒轮廓线。

step 3 选择橘红色作为文胸的底色，进行平涂上色。

step 4 用红色在杯面和下巴的暗部进行上色。

step 5 用涂改液绘制杯面的高光。

知识拓展

蝴蝶杯的颜色除了基础的黑、白、肤三色外还有很多亮彩色，而且印花图案丰富多彩。

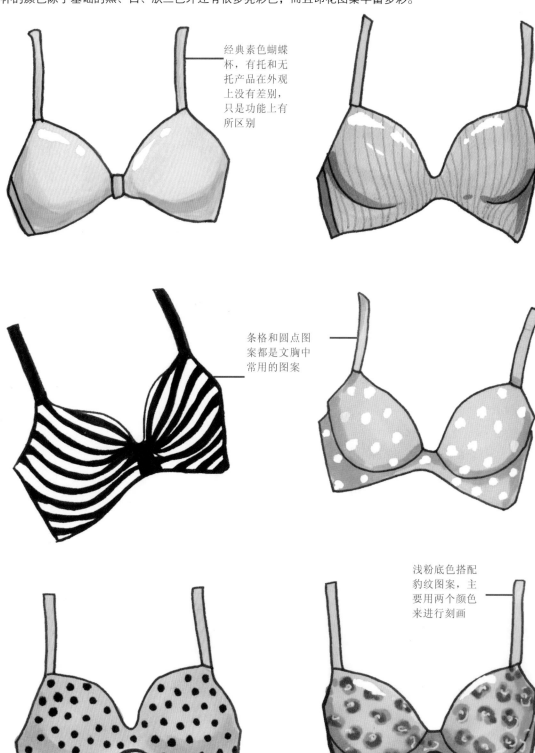

经典素色蝴蝶杯，有托和无托产品在外观上没有差别，只是功能上有所区别

条格和圆点图案都是文胸中常用的图案

浅粉底色搭配豹纹图案，主要用两个颜色来进行刻画

3.5.5 运动款

运动文胸就是女性在运动时所穿的专业内衣，可以防止胸部在运动的过程中受到伤害，不仅美观而且还有良好的稳定性和舒适性。运动文胸具有普通文胸的结构和特点，同时面料具有吸汗、快干的特性。

绘制解析

step 1 本案例为背心款运动文胸，外观上与普通背心类似，但内部结构复杂。先用铅笔绘制轮廓线及内部分割线。

step 2 用0.5mm针管笔勾勒外轮廓线，然后用0.2mm针管笔勾勒内部线条。

step 3 用柠檬黄马克笔平涂式填充前片和底围松紧带的颜色。

step 4 用灰色马克笔填充领口、袖口的滚边及后片颜色，选用中黄色绘制前片的暗部。

step 5 绘制后片的暗部及前片的高光。

知识拓展

　　运动文胸中，背心款居多，按运动强度可以分为高强度、中强度和低强度3种，人们可根据运动类型的不同选择不同强度的文胸。

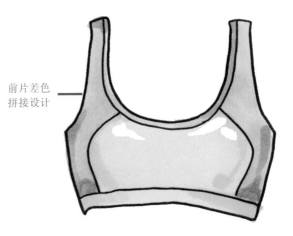

前片差色
拼接设计

领口、袖口滚
边设计

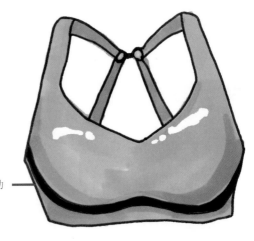

美背款运动
文胸

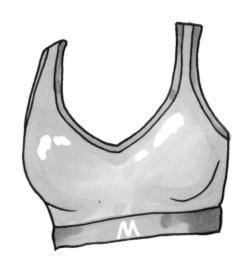

04

服装效果图中
局部和细节的表现

　　在现代服装设计中服装的局部设计
和细节设计越来越受到人们的重视，局
部设计是服装的造型基础，细节设计是
服装的品质基础，因此在服装设计中局
部和细节的设计变得尤为重要，那么如
何在服装效果图中表现局部和细节将是
本章讲解的重点。

4.1 服装效果图中的局部表现

服装局部设计关系到服装的整体造型及美感，是服装整体造型的基础，主要表现在领子、袖子、口袋、肩部和腰部等重要位置。服装设计是一个从整体到局部的设计过程，局部设计建立在整体设计的基础上，整体设计为局部设计做铺垫，它们互相起到相辅相成的作用。

4.1.1 领子

领子处于服装最上方的醒目位置，在服装设计中占有重要地位，它从最初的以保护人体颈部为主演变至今天以装饰性为主。领子包括领型和领口形状，领型是指领子的整体形状，分为戗驳领、翻驳领、平驳领、荷叶领和青果领等，如西装外套通常搭配翻驳领；而领口形状主要是由领口的外观呈现角度决定的，可分为方型领、一字领、圆型领、V型领和U型领等。

绘制解析

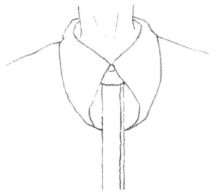

step 1 用铅笔在水彩纸上绘制颈部、领子和门襟的轮廓线，绘制时注意颈部结构、颈部与领子的位置关系，领子内侧边缘与颈部边缘存在一定的距离。

step 2 在调色盘上调和出淡蓝色，并保持充足的水分，然后填充领子和门襟的颜色。

step 3 在原有颜色的基础上融入更多的水分，降低色彩浓度，然后用来填充衣服大衣的颜色。

step 4 加深领子转折面的暗部颜色。

step 5 深入刻画衣服的颜色，添加暗部的颜色，增加整体色彩层次。

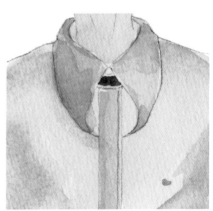

step 6 调和肤色填充颈部，然后用深灰色点缀门襟上方的颜色。

知识拓展

装饰领的外观新颖、结构特别、艺术感强，以装饰为主。

衬衫领中最常见的为小翻领，是领面顺着领圈向上自然外翻的一种领子。

假领子其实也是一种真领子，它具有领子的一切特质，只不过它只是一个领子并不是一件完整的衣服，通常用来搭配外衣穿着。

礼服领

装饰领

抽褶领

衬衫领

假领子

叠褶领

4.1.2 袖子

袖子是附在手臂表面上呈圆筒状的服装,主要是在肩部和手臂结构的基础上将袖窿与肩部进行缝合,具有很强的立体感。袖子作为上衣中的一个重要组成部分,直接影响到上衣的美观性和造型性。

袖子按结构可分为装袖和插肩袖。装袖应用广泛,适用于各种类型的服装;插肩袖的袖窿较深,方便手臂的伸展,通常运用在休闲类的服装中。袖子按长度可分为无袖、短袖、五分袖、七分袖、九分袖和长袖;从外观上可分为圆袖、紧身袖、灯笼袖和喇叭袖等多种。

绘制解析

step**1** 用铅笔在水彩纸上起形,首先绘制出袖子、衣身及手臂的轮廓,然后用简单的线条绘制出袖子上装饰性的花卉图案。

step**2** 在调色盘中调和出淡黄色,用来填充图案中部分叶子的颜色。

step**3** 调和蓝灰色填充衣服的颜色,再调和出翠绿色继续绘制叶子,丰富叶子的画面层次。

step**4** 调和橘红色用来绘制花朵,再用深灰色点缀画面。

step**5** 调和墨绿色绘制图案中叶子的暗部,使叶子看上去有立体感和层次感。

step**6** 调和皮肤颜色填充手臂和手的颜色。

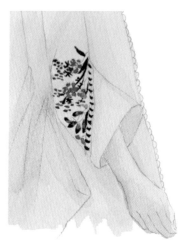

step**7** 给画面整体添加阴影部分,分别在袖口内侧及褶皱位置着色。

知识拓展

　　紧身袖是最基本和最常见的袖子，在外观上没什么特别的地方，但很实用。灯笼袖是一种肩部小、下摆大、袖口收紧、外观呈灯笼形鼓起的袖子。泡泡袖是指袖子在袖窿位置以抽碎褶的方式与肩部缝合后而蓬起呈泡泡状的袖子。

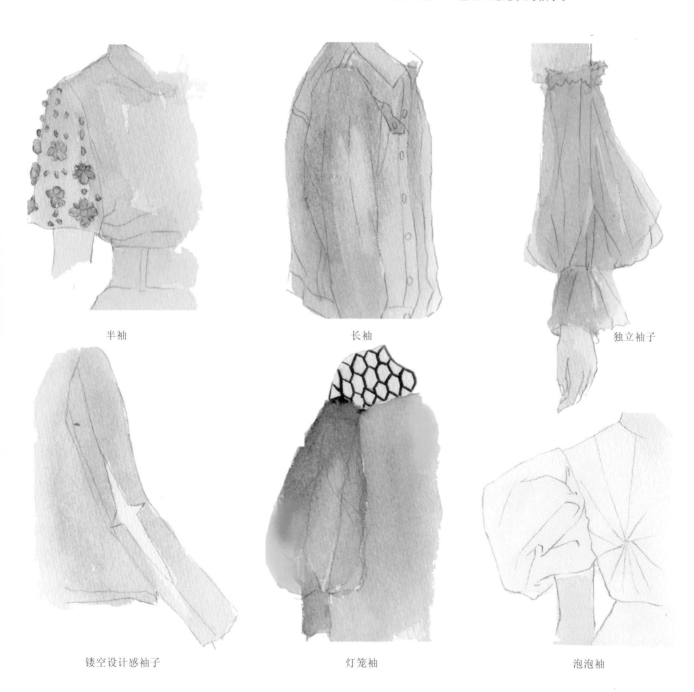

半袖　　　　　　　　　　　　　　　　长袖　　　　　　　　　　　　　　　　独立袖子

镂空设计感袖子　　　　　　　　　　　灯笼袖　　　　　　　　　　　　　　　泡泡袖

4.1.3 口袋

口袋具有实用性和装饰性两大特点。实用性主要体现在它的功能上，它可以随身收纳多种小件的物品；装饰性口袋以装饰为主、功能为辅，主要体现在它的外观效果上。

口袋按结构特点可分为贴袋、插袋和挖袋3种。贴袋直接附在服装的表面，装饰效果强；插袋一般与结构线结合应用，从而不影响外观美感；挖袋是指在服装表面的合适位置剪开后在内侧添加内衬而缝合的口袋，在西装中经常出现。

绘制解析

step 1 用铅笔绘制外轮廓线、口袋轮廓线及褶皱线，绘制时注意口袋的大小比例。

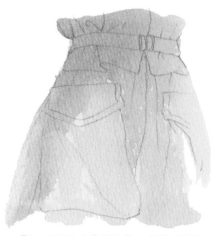

step 2 在调色盘中调和粉色水彩，用同一个颜色通过水分的不同绘制出不同的效果。

step 3 调和红色填充腰带的颜色。

step 4 调和深粉色分别填充腰部、口袋和褶皱的暗部颜色。

step 5 在画面完全干了后进行勾线。

知识拓展

　　功能袋自然是以功能性为主，口袋侧边和底部通常有一定的厚度，这样可以装载更多的东西。假口袋和暗袋不同，虽然从外观上看很相似，但它并不具有任何的功能性，只是看上去是一个口袋而已。

插袋

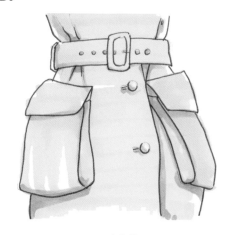

功能袋

功能袋

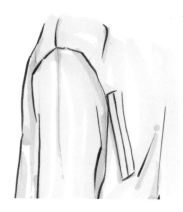

假口袋

抽褶袋

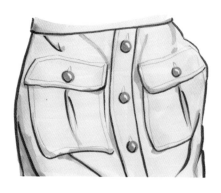

贴袋

4.1.4 肩部

肩部作为服装中的一个重要组成部分，直接影响到服装的外观廓形及视觉呈现效果。肩部设计与肩部造型的关系十分密切，肩部设计直接影响到肩部造型从而进一步影响服装的整体廓形，它从早期的垫肩设计、斜肩设计和翘肩设计一直到今天的露肩设计，每个阶段的设计都决定了它的外观造型。

绘制解析

step 1 用铅笔绘制袖子的外轮廓线、内部结构线及褶皱线，绘制时注意肩部蝴蝶结的结构，确保线条表述清晰，能够清晰地区分出蝴蝶结的外轮廓线和内部褶皱线。

step 2 用灰色马克笔从肩部的蝴蝶结处开始着色，沿着蝴蝶结的结构和褶皱方向进行着色。

step 3 用同一支马克笔沿着袖子褶皱的方向继续着色。

step 4 继续用这只马克笔画衣身的颜色，着色时保持笔触的流畅，部分留白。

step 5 选择深灰色分别在蝴蝶结内部、袖子褶皱和腋下等多处暗部进行着色，然后用肤色绘制出腋下露出的手臂颜色。

step 6 用小楷笔勾勒轮廓线，保持线条顺畅及笔触变化。

step 7 进行整体画面调整，再一次增加暗部的颜色，增添画面的层次感。

知识拓展

肩部纽扣设计，可系上

用本料做成的三个蝴蝶
规律缝制在肩部，起到
装饰作用

肩部拼接及镂空设计

利用针织的特殊织法完
成肩部镂空的特殊设计

面料本身带有小孔的
镂空设计

4.1.5 腰部

腰部是体现女性人体曲线美的重要部位，收腰设计比较受女性的欢迎，在礼服设计中也经常出现，因为它可以充分地展现出女性纤细的腰肢及臀部的曲线。在服装效果图中腰部的设计也很重要，它位于上下身的分割线上，是服装设计中不可忽略的重要部位。

绘制解析

1 step　用铅笔起形，绘制出衣服和裤子的部分轮廓线，并细画腰带的轮廓及腰带内部的花卉图案。

2 step　用中度蓝色马克笔填充花朵的颜色，画法可以选择涂满或者有部分留白均可。

3 step　给花朵添加暗部颜色并用橘黄色点缀花蕊部分。

4 step　用橘黄色马克笔填充腰带的颜色，先用方头马克笔进行大面积的均匀上色，边缘处空白的位置用圆头马克笔继续填充，切记不要画到铅笔稿外，保持画面干净整洁，然后用小楷笔勾勒花卉的轮廓线。

5 step　根据光的方向分别在腰部两侧及花卉左下方绘制暗部阴影的颜色。

6 step　用浅蓝色马克笔给衣服和裤子进行着色，然后用肤色马克笔绘制出领口内侧的皮肤。

7
step 沿着衣褶的方向分别绘制出衣服和裤子的暗部颜色。

8
step 用小楷笔勾线，注意笔触的变化。

知识拓展

　　在女性服装中，腰带不仅仅被作为束腰的带子，同时它还具有一定的装饰性，通过不同的宽度、结构、面料和细节来表现。

三款不同的腰带设计

腰部使用的蕾丝花边做装饰，性感，通透

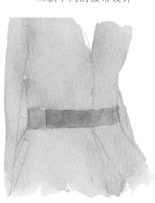

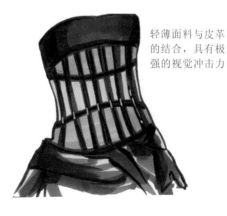

轻薄面料与皮革的结合，具有极强的视觉冲击力

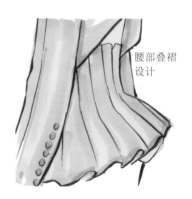

腰部叠褶设计

4.2 服装效果图中的细节表现

在现代服装设计中，细节的表现已经越来越受人们的重视。细节设计从多个方面可以体现，例如服装中出现的各种褶皱、镶钉手法、亮片装饰方法、蕾丝花边的应用和线迹的装饰方法等，它们给服装增加了亮点，同时也增加了服装美感。

4.2.1 腰部

褶皱是细节设计的主要表现形式，它可以通过不同的处理方法改变服装的外观形态。褶皱从外观上可分为抽褶、叠褶、压褶和垂褶等多种。抽褶主要是将原本长度的面料局限在一定的距离内而产生的挤压褶皱；叠褶就是将面料按照一定的规律及方向堆叠而形成的褶皱；压褶是指通过机器对面料进行定型加工后所形成的褶皱，通常为均匀压褶；垂褶是指在重力的影响下自然下垂时所形成的褶皱，形态多为不规则状。

绘制解析

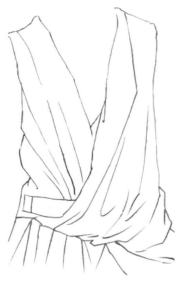

step **1** 用铅笔绘制衣服的轮廓线，然后沿着衣服的褶皱方向画出内部褶皱线。

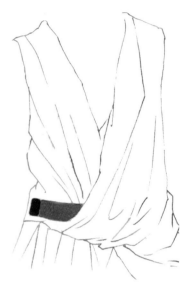

step **2** 用蓝灰色马克笔填充腰带的颜色，注意是两种颜色。

step **3** 用浅灰色马克笔的方头顺着褶皱从肩部向下运笔，保持笔触松动部分留白。

step **4** 用中度灰马克笔绘制褶皱的暗部。

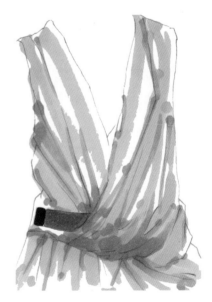

step **5** 用深灰色马克笔继续深入刻画褶皱的暗部。

知识拓展

　　褶皱能够改变面料的外观形态，在视觉上可以产生很强的立体效果。褶皱的基本形式主要包括规律褶和自由褶两种，所有的褶皱都是在这两种褶皱的基本形式上产生的。

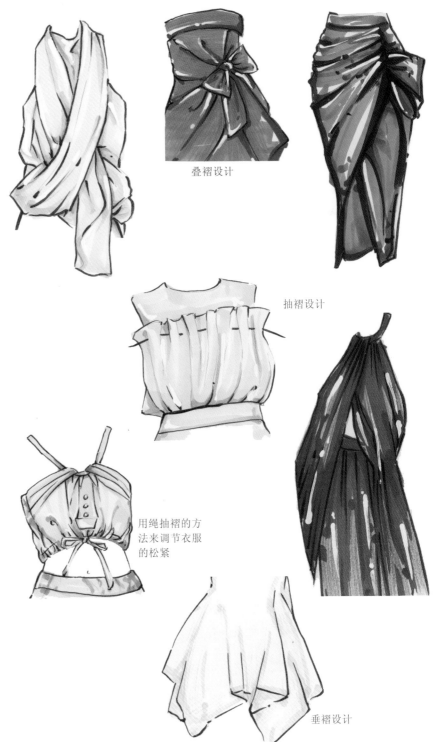

叠褶设计

抽褶设计

step 6　用小楷笔进行勾线，分别勾勒出外部轮廓线和内部褶皱线，注意笔触变化。

用绳抽褶的方法来调节衣服的松紧

step 7　调整整体画面，适当增加高光。

垂褶设计

4.2.2 镶钉

镶钉是服装细节表现的手法之一，可以通过对镶钉的不同排列和组合方式来增强服装的画面效果。它的特点主要在于表面有金属质感，在光的照射下亮部特别明显；其次在于它不同于其他平面装饰手法，绘制时由亮部、灰部和暗部3个面组成，立体感强。

绘制解析

step 1 用铅笔勾勒轮廓线。由于结构比较复杂，因此绘制时可以先将服装进行分组，从上到下逐步地进行绘制，画好整体线条后再画出镶钉的位置。

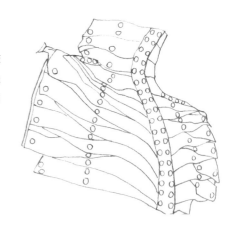

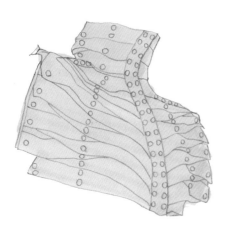

step 2 用浅肤色马克笔进行上色，在不画出轮廓线的基础上将颜色涂满。不用担心马克笔会覆盖底部的铅笔线条，因为马克笔颜色通透且选用的颜色浅淡。

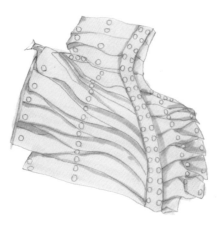

step 3 绘制出每块结构的阴影颜色。

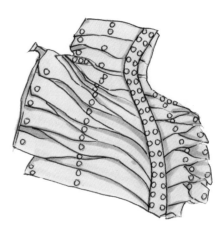

step 4 用0.2mm的黑色针管笔进行勾线，包括外部轮廓线、内部线条和镶钉线条。

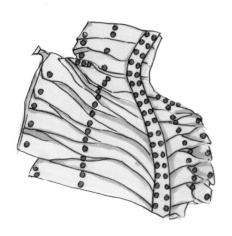

step 5 用深棕色马克笔的圆头填充镶钉的颜色，将颜色涂满。

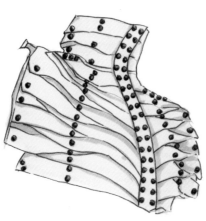

step 6 镶钉面积小，马克笔由于笔头较宽并不适合继续绘制暗部，这时可以选择彩色针管笔或者彩铅对镶钉的暗部进行着色。

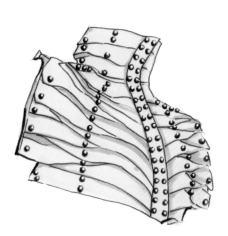

step 7 最后一步也是最关键的一步，它决定了镶钉的质感，用高光笔绘制出每个镶钉的高光。

知识拓展

绘制镶钉的难度在于如何表现它的立体感，简单来说，只要画出它的亮部、灰部和暗部就已经足够了。

安排方格交叉
点有序排列的
镶钉

后背装饰作用

镶钉除装饰的
作用外还有拼
接的作用

4.2.3 珠片

珠片不仅在配饰中经常出现，同时也被广泛应用于服装设计中，例如晚礼服、裙子、针织衫和T恤等多种品类中。珠片有很多种，规则和不规则，透明和不透明，亮光片和哑光片，等等，都可以应用在服装中，有时也可将其织成珠片布，在节约成本的同时也方便应用。珠片本身具有反光的特点，可以通过光线角度的不同反射出不同的颜色。

绘制解析

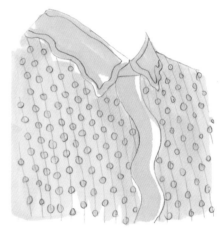

step1 用铅笔起形，先绘制出领部、门襟和肩部的结构线，然后绘制出珠片和用来穿珠片的线条。

step2 用橘色马克笔给衣身进行着色，注意空出领子及门襟的位置。

step3 用浅紫色填充领子和门襟的颜色，下笔流畅，不要停顿。然后用浅灰色马克笔的圆头填充珠片的颜色。

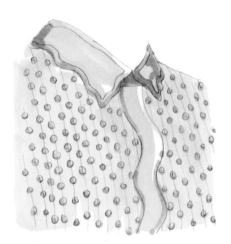
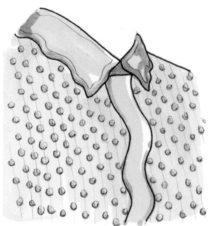

step4 绘制领子和门襟的暗部颜色，增加画面立体感。

step5 用黑色小楷笔勾勒领子、门襟线条，然后用深灰色彩色针管笔勾勒出珠片的轮廓，只需勾勒出半圈线条即可，这样效果更好。

step6 用0.2mm黑色针管笔点出珠片中间穿线时的孔，然后画出高光。

知识拓展

　　珠片经常大面积的出现在服装中，在绘制时不可能将每一个珠片都画得特别精致，这种情况下只需将部分珠片绘制清楚，并画出大感觉即可。

各种珠片的混合应用

整齐排列珠片的呈现效果

超大的珠片表现效果

4.2.4 蕾丝

蕾丝就是表面上能够呈现出各种花纹图案的一种薄型织物,具有镂空性和通透性两大特点,花纹表面有微微的凹凸立体效果,而且做工精细、工艺独特、织物清透,若隐若现的朦胧感不仅可以体现女性的性感还起到装饰作用,深受现代女性的喜爱。在服装设计中蕾丝已经不仅仅被作为辅料使用,它已经被作为主料大面积地应用在服装中,并且成为浪漫、神秘和性感的代名词。

绘制解析

step **1** 用铅笔绘制服装的外轮廓线,以及颈部和手臂线条,然后用简单概括的线条画出蕾丝花边的边缘线。

step **2** 用0.2mm的黑色勾线笔在铅笔稿的基础上勾勒出所有的线条,并添加颈部结构线及腰部褶皱线,然后用橡皮擦拭掉铅笔线。

step **3** 用棕色马克笔填充领口、袖口、胸部结构及腰部的颜色。

step **4** 紧接着用肤色马克笔填充皮肤的颜色,为后面画出蕾丝通透的质感做铺垫。

5 *step* 画出颈部、胸下、腰侧和腋下的暗部阴影的颜色，然后绘制腰部以下的裙子颜色，接着用马克笔的方头顺着裙子褶皱的方向进行上色，用简单的几笔概括即可，下笔干净利落，切忌不要反复地画同一根线。

6 *step* 用棕色的彩色针管笔勾勒前胸处蕾丝花边内部的花卉图案。绘制时并不需要将每一个花卉图案都画得特别精细，只要将花卉的整体感觉画出来即可，勾线时可以做适当的顿笔，增加蕾丝的视觉效果。

7 *step* 用同样的方法继续勾勒袖子和前身的蕾丝花边。

8 *step* 用棕色彩铅绘制出蕾丝花边的暗部颜色，然后调整画面效果，增加画面层次。

知识拓展

绘制蕾丝花边时，彩色针管笔是必不可少的工具，它的颜色丰富而且笔头很细，可以勾勒出蕾丝花边中各种细小的图案。

用高光笔做最后的点缀

蕾丝花边具有良好的通透性

彩色蕾丝花边的表现

礼服后背用大面积的蕾丝花边做装饰

4.2.5 线迹

线迹具有功能性和装饰性两种作用，其中最主要的是它的功能性，通常用来缝合服装，起到将两个衣片固定在一起的作用。其次是它的装饰性，这些线迹建立在服装稳固的基础上，在不影响功能性的同时对服装表面进行装饰，通过这些细节表现服装的特殊效果。

绘制解析

step 1 用铅笔勾勒出裙子的轮廓线、褶皱线及手臂线条。

step 2 用0.2mm的黑色勾线笔在铅笔稿的基础上勾勒出所有线条，并用橡皮擦拭掉铅笔线。

step 3 用浅棕色马克笔的方头沿着裙子褶皱的方向进行着色。

step 4 绘制手臂的颜色。

step 5 用深棕色马克笔给裙子的褶皱暗部进行着色。

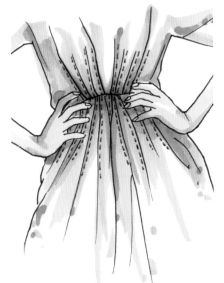

step 6 用深棕色彩色针管笔在每条褶皱线的位置表层做线迹装饰。

知识拓展

　　线迹已经被设计师们作为一种独特的装饰手法出现在各大服装品牌的设计中，通过对线迹的粗细、距离、颜色和图形的变化来增加服装的细节。

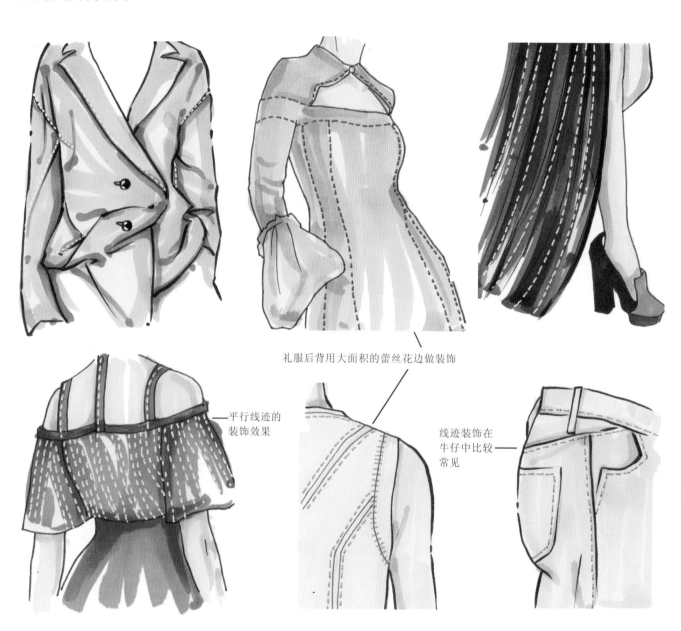

礼服后背用大面积的蕾丝花边做装饰

平行线迹的装饰效果

线迹装饰在牛仔中比较常见

4.2.6 纽扣

纽扣是服装中用于两片衣襟相互连接的载体，它的作用与线迹的作用相似，都具有功能性和装饰性。纽扣最初是以功能性为主的，后期逐渐发展为除功能性以外更加具有装饰性。功能性主要体现在外套中，例如上衣、风衣和大衣的纽扣；装饰性的局限性相对较小，经常出现在衣服、裤子等多种品类中。

绘制解析

step 1 用铅笔绘制出外套的轮廓线、围巾线条及内部纽扣线条。

step 2 用浅蓝色马克笔给衣身着色，在画到纽扣位置时不用特意将画笔绕开，因为浅色的马克笔并不会覆盖掉下方的铅笔颜色。

step 3 填充围巾的颜色。

step 4 绘制围巾暗部的颜色。

step 5 用深蓝色马克笔绘制衣服的领子、袖子和腋下的暗部颜色。

step 6 用棕色马克笔填充衣身和袖口处的纽扣颜色。

step **7** 用高光笔绘制出纽扣的高光，并用 0.05mm的黑色针管笔勾勒出纽扣线 及旁边的装饰线。

step **8** 用0.2mm的黑色针管笔勾勒出整体 线条。

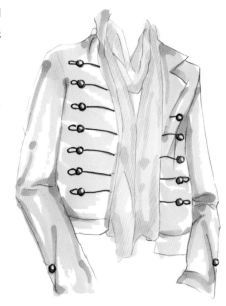

知识拓展

不同纽扣的表现。

同时具有功能性与装饰性

装饰性纽扣

05

服装效果图中
的面料表现

　　服装面料是服装设计中的一个重要元素，在服装设计中起到至关重要的作用，它主要是通过图案和质感两方面进行体现的。在服装效果图中，面料图案和质感的表现很重要，本章节详细地讲述了如何通过手绘的方式一步一步地将面料的图案和质感绘制出来。

5.1 经典图案的表现

面料图案就是以不同形式和手法出现在服装面料中的纹样，对服装设计起到装饰性作用。面料图案丰富多彩，经典图案主要包括方格图案、条格图案、圆点图案、花卉图案和豹纹图案等。面料图案的表现是服装效果图中的一部分，手绘面料图案是设计师们必须掌握的技能之一。

5.1.1 方格

方格图案是一种永不过时的经典图案，它一直备受时装界设计师们的欣赏和青睐，在现代服装设计中具有不可小觑的地位，表现手法和风格也变得越来越多样化，汇聚了复古、怀旧和经典等多种风格于一体，一次又一次地将方格图案推向时尚领域的高潮，成为各大服装品牌的代表性图案。

方格图案绘制解析

调和淡蓝色水彩，平涂面料底色。

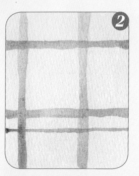

调和深蓝色水彩，分别绘制出横向和纵向的交叉状条格。

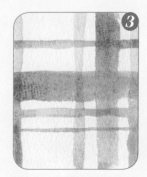

用大号水彩笔继续绘制蓝色交叉状条格。

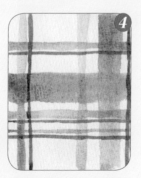

用小号水彩笔的笔尖绘制最后一层的深灰色交叉状窄条格。

方格图案实例运用

step 1 用铅笔起形，确定头部、肩部、腰部、腿部及脚的位置比例关系。

2 step 深入刻画，细化五官、领部、腰部和衣服的内部结构线及褶皱线。

4 step 增加皮肤暗部的颜色，用深肤色进行绘制。

3 step 先用浅肤色绘制出脸部、颈部、手部和腿部的颜色。脸部的结构比较复杂，在上色时要注意眉弓、鼻子和颧骨位置的表现。

5 step 深入刻画五官，用0.05mm黑色针管笔分别勾勒出眼睛、鼻子、嘴唇及脸部的线条。勾勒眼睛时注意笔触变化，眼角位置加重，中间线条可以轻轻带过，然后分别用蓝色和棕色填充眼睛和眉毛的颜色。

step 6 先用浅棕色填充头发的底色，绘制时可以保持画面部分留白，这样可以使画面看上去更加生动。然后用深棕色绘制头发暗部，接着用棕色彩色针管笔在头发的边缘位置绘制出零散的线条，表现头发的真实感和层次感，最后用高光笔添加头发高光。

step 7 填充黑色的肩部装饰带及腰带的颜色，然后用深灰色填充靴子的颜色。

step 8 开始绘制服装中的方格图案，在服装结构和褶皱的基础上绘制出呈横竖交叉状的红色方格图案，然后用黑色绘制出靴子的暗部。

step 9 绘制第2层格子图案，在红色格子的旁边绘制灰色格子，横竖相交。

10
step 在灰色格子的交叉处添加黑色格子区域，增加格子图案的层次。

11
step 用小楷笔进行勾线，主要勾勒大衣的外轮廓线，目的是将前面步骤中所留下的毛边覆盖住，保持画面整洁，同时也使服装看上去更加精致。

5.1.2 条格

条格图案是几何图案中的一种，具有简单、明确和装饰性强的特点。它通过线条的不同粗细、不同方向、不同色彩和不同排列来表现出不同的图案效果，展现出多种不同的服装风格。条格图案随着时代的变化而变化，但不论在哪个时代它都具有极强的视觉冲击力，其中以黑白条格最为经典，永远走在时尚的最前沿。

条格图案绘制解析

调和淡粉水彩平涂面料底色。

调和粉色水彩绘制第1层竖条格图案，注意保持笔触的平稳。

调和蓝色水彩绘制第2层竖条格图案。

调和棕色水彩继续绘制第3层竖条格图案。

条格图案实例运用

step **1** 用铅笔画出人体和服装的大致轮廓。

step **2** 深入刻画五官及整体轮廓，画出脸部的眼镜、鼻子和嘴巴的线条。饰品也是服装效果图中的一部分，画出耳坠和包包的轮廓线。

step **3** 开始填充皮肤的颜色，按照脸部、颈部、手臂和腿部的顺序从上到下逐一进行上色，可将高光位置留出。

step 4 用深肤色绘制皮肤暗部的颜色。由于辅助腿处于暗部区域，因此着色时可以用深肤色将其全部涂满。

step 5 用0.05mm黑色针管笔勾勒头部及五官的轮廓，然后用深肤色填充嘴唇的颜色。

step 6 用红色绘制出眼镜的竖条格图案，然后用棕色绘制出眼镜片及头发的颜色，接着用红色和土黄色绘制出耳坠的颜色。

step 7 绘制彩色发带，颜色有橘、黄、绿、蓝，然后增加嘴唇的暗部颜色及高光。

step 8 裙子部分为竖向条格，腰部和袖子为横向条格，分别用红色进行绘制，绘制时保持线条流畅，避免出现顿笔，然后继续用红色填充鞋子的颜色。

step 9 在红色条格的基础上增加一组棕色条格，方法同上。

step 10 用红色针管笔在棕色条格两边0.1cm处继续绘制窄条格，然后用0.2mm黑色针管笔勾勒出完整的线稿。

step 11 用高光笔绘制鞋子的高光，然后填充包包的颜色，接着用小楷笔加粗裙摆底部及腿部的部分线条，增强服装的整体效果。

Xiao Ben

2015. 10. 08~

5.1.3 圆点

圆点图案是最具有复古色彩的图案之一，它充满了俏皮、可爱、轻松的时尚感，始终是各大品牌设计师们热爱的时尚元素之一。圆点图案的造型单一，但可以通过对面料的不同处理、圆点大小的调整和排列方式的改变来展示出不同的效果。

圆点图案绘制解析

用浅肤色马克笔平涂面料底色。

绘制橘色圆点图案。

绘制绿色圆点图案。

绘制黑色圆点图案，完成整幅彩点图案。

圆点图案实例运用

step 1 先用铅笔画出人体的大致动态。绘制出五官、四肢和服装的轮廓线。承重腿笔直，与下巴保持在同一条水平线上。

step 2 继续用铅笔绘制裙子的上身及裙摆的轮廓线和褶皱线。裙摆要到脚底的位置。

step 3 绘制脸部、颈部、肩部、手臂和腿部的皮肤色，可以部分留白，也可全部涂满。

step 4 用深肤色绘制皮肤的暗部颜色。

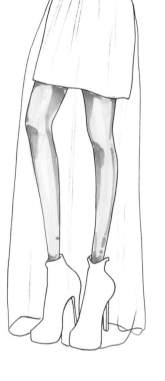

step 5 用0.05mm黑色针管笔勾勒五官轮廓，然后用0.2mm黑色针管笔勾勒整体轮廓线。

step 6 填充蓝色的眼睛、棕色的眉毛、橘红色的嘴唇和棕色的头发。彩铅作为辅助工具用来绘制嘴唇的暗部和高光，然后用深棕色绘制头发的暗部，接着用高光笔绘制头发的高光。

step 7 用浅灰色绘制出裙子的肩部、袖子和裙摆的通透的感觉。

step 8 用深灰色填充手套和鞋子的颜色，然后用黑色绘制暗部，增加面料的质感及立体感。

step 9 继续用同一个深灰色填充裙子的内衬颜色，注意顺着裙子的走向进行运笔。

step 10 绘制裙子内衬的暗部颜色，然后用针管笔填充裙子的领口、袖口及裙摆底边的颜色。

step 11 均匀地点缀出透明面料上的圆点图案。

知识拓展

5.1.4 花卉

花卉图案是服装设计中最常用的一种装饰图案，它被广泛应用于服装设计中。随着时代的发展，花卉图案已在服饰图案中占有重要地位，深受设计师们的喜爱。它通常以印染、刺绣和立体造型等多种形式出现在不同的服装中。印染是指将花卉图案直接印在面料上；刺绣是指将花卉图案的轮廓或者内部线用彩色的线直接刺绣出来；立体造型是指三维空间的立体造型，更具有立体效果和空间感。

花卉图案绘制解析

用铅笔起形，绘制花卉图案的简单轮廓。

填充浅灰色底色及橘红色的花朵颜色。

绘制浅粉色的花朵。

绘制绿色的叶子及花朵图案的暗部色彩。

花卉图案实例运用

step 1 用铅笔起形，绘制出人体和服装的大轮廓。

step 2 紧接着绘制五官、衣服、腿部和包的轮廓线。在绘制上衣轮廓时要注意服装的比例关系及内部结构，尤其是在肩部位置被遮住的情况下，更要注意肩宽、腰部位置及衣长的比例关系。

step 3 用铅笔绘制出花卉图案的轮廓线。

step 4 用浅肤色绘制出脸部、颈部、腰部及腿部的颜色。腿部膝盖以下处于阴影位置，上色时可将颜色涂满。

step 5 绘制皮肤暗部的色彩，按照从上到下的顺序从眉弓处开始着色，紧接着是鼻底、颧骨、颈部、腰部和腿部。

6 step 用0.05mm黑色针管笔勾勒五官轮廓，然后分别填充眼睛、眼影、眉毛和嘴唇的颜色。嘴唇可以先用浅橘色平涂底色，再用橘红色彩铅刻画嘴唇的暗部颜色。头发的颜色主要由浅棕色和深棕色两个颜色组成，着色时注意笔触的变化，使画面保留部分白色。

7 step 用橘红色绘制服装中的花卉图案，然后用同一个颜色填充包包和鞋子的部分颜色。

8 step 增加花卉图案和包包的暗部颜色，然后填充鞋子的主色。

9
step 添加花卉图案中的绿色叶子。只需将部分叶子的颜色涂满，然后继续绘制衣服底摆的黑色流苏边。绘制时注意保持从上及下、由重及轻的笔触。

10
step 用浅灰色平涂服装的底色，然后用小楷笔勾勒整体的轮廓线。下笔时手要稳，保持线条流畅。接着绘制包包背带及包包本身黑色的装饰性图案，最后添加流苏及鞋子的暗部。

11
step 绘制衣服花卉图案中叶子的暗部颜色。

12 *step* 绘制服装的暗部颜色。

13 *step* 在花卉图案的基础上绘制圆点图案。

Xiao Ben

2015. 10. 11～

5.1.5 豹纹

豹纹图案在现代服装中经常出现，它是时尚界中经久不衰的装饰图案，充满着野性和性感的味道。豹纹图案以棕色和黑色的色彩搭配为主，然后根据流行趋势和流行色的不同发生改变，在原有图案和颜色的基础上不断创新。

豹纹图案绘制解析　　　**豹纹图案实例运用**

用铅笔起形，绘制出豹纹图案的大致形态。

调和粉色水彩填充面料的底色。

调和深粉色水彩绘制豹纹图案的第1层颜色。

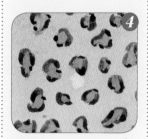

调和深灰色水彩绘制豹纹图案的第2层颜色，完成画稿。

1 step　用铅笔绘制出人体及服装的简体轮廓。

2 step　绘制五官、头发、外套、裤子和鞋子的具体轮廓，包括头发内部的分组线及和衣服的褶皱线。

3 step 分别绘制出脸部、颈部和手臂处的皮肤颜色。

4 step 绘制皮肤的暗部颜色。

5 step 细致刻画五官。用 0.05mm黑色针管笔勾勒五官的轮廓线。切记不要勾勒出上下嘴唇的外轮廓线。

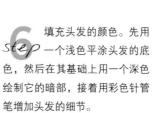

6 step 填充头发的颜色。先用一个浅色平涂头发的底色,然后在其基础上用一个深色绘制它的暗部,接着用彩色针管笔增加头发的细节。

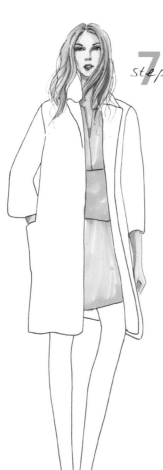

step 7　勾勒整体轮廓线，填充打底衫的颜色。

step 8　填充外套里衬的黑色区域，以及裤子和鞋子的颜色。

step 9　填充外套本身的颜色，再绘制出打底衫、裤子和鞋子的暗部颜色。

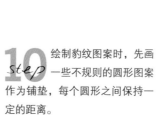

step 10　绘制豹纹图案时，先画一些不规则的圆形图案作为铺垫，每个圆形之间保持一定的距离。

11 step 沿着上一步圆形图案的边缘处用黑色继续绘制豹纹图案的第2层。

12 step 调节整体画面，用小楷笔勾勒头发和衣服的部分轮廓线，增强画面效果，然后用高光笔绘制打底衫的纹样。

2015.04.19~.

5.2 面料质感的表现

面料是服装的根本，服装设计师们经常通过面料体现自身的特点和独创性。为了使消费者和使用者明确设计师所选用的面料分类，在服装效果图中面料质感的表现显得极其重要。服装效果图中的面料按质感大致可以归纳为轻薄质感、丝绸质感、牛仔质感、针织质感、皮革质感和皮草质感等。要想清晰明确地表现出面料的质感，首先要了解面料的特点，才能让自己的设计得到最充分的展现。

5.2.1 轻薄质感

轻薄质感面料的特征是飘逸、轻薄，易产生碎褶。在表现轻薄面料时，用线可以轻松、自然、随意。以淡彩的形式可以较好地表现薄质面料的感觉，在表现透明效果时可以综合运用平涂法、叠加法和笔触。表现薄料大面积的起伏可以使用大笔触进行大面积的处理。对于薄纱的碎褶可注重其随意性和生动性，针对其明暗加强画面的层次感。

轻薄面料绘制解析

绘制面料的底色，用浅灰色马克笔沿着面料褶皱的方向进行绘制。

用深灰色马克笔绘制褶皱的暗部颜色。

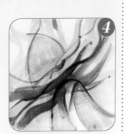

深入刻画暗部颜色，增加暗部的层次。

用小楷笔勾勒部分褶皱的暗部线条。

轻薄面料实例运用

1 **step** 用铅笔起稿，确定人体动态、比例关系和衣服廓型。因为面料质感是轻薄、通透、飘逸的感觉，所以画铅笔稿时要注意线条的随意生动性，画出随风飘动的感觉。

step **2** 在上一步的基础上确定轮廓线并加以强化，细化五官、四肢、裙子和鞋子的轮廓。注意裙子内侧的腿部线也要轻轻地画出，这样可以在上色时更好地表现出面料透明的质感。

step **4** 深入刻画五官，其实就是给面部化妆，画出黑眼线、彩色眼影、棕色眉毛和淡彩唇彩，使面部看上去更加精致美观。然后用勾线笔描绘整体的轮廓，裙摆线条是松动的，注意笔触的变化和方向性。

step **3** 首先绘制皮肤的底色，用浅肤色平涂面部及四肢，包括裙子内侧的腰部位置和大腿，然后用深皮肤色绘制脸部和四肢的暗部，接着平涂黑色的鞋子。

step **5** 绘制头发时要有笔触且部分留白。打底裤和鞋子底座可以平涂上色，阴影色选择同色系的深色来绘制。

step 6 绘制裙子的底色，用淡蓝色沿着褶皱的方向运笔，腰部以上的裙子部分可以平涂，腰部以下的裙摆处要注意笔触且部分留白，画出裙摆通透飘逸的感觉。

step 8 用高光笔沿着头部结构提亮眼睛、颧骨、鼻梁和额头，表现出皮肤的光泽感。顺着褶皱的方向绘制裙摆的亮部，使裙摆更加通透。

step 7 沿着褶皱的方向绘制裙子的阴影，用马克笔的方头绘制出松动且有笔触的暗部线条，表现出褶皱的立体感。

2015. 07. 05

知识拓展

时装画手绘表现技法教程

5.2.2 丝绸质感

丝绸面料深受女性的喜爱，它是一种由桑蚕丝织造的纺织品。从图案上可分为素织物和提花织物两种。素织物就是没有经过任何装饰的无花纹织物；提花织物又分为小花纹织物和大花纹织物，都是表面有花纹的织物。丝绸的特点是光泽性好、吸湿性好、耐热性好和悬垂性好等。在绘制服装效果图时，光泽性最为重要，它的反光强烈且层次丰富，绘制好它的高光部分对表现出丝绸的质感能起到至关重要的作用。

丝绸面料绘制解析

平涂底色并注意画面部分留白。

绘制褶皱的暗部颜色。

用彩铅深入刻画暗部颜色。

用涂改液绘制面料的高光。

丝绸面料实例运用

step **1** 用铅笔起稿，确定人体动态、比例关系及衣服廓型，然后绘制出脸部的结构、腰部的线条及鞋子的结构。

step **2** 细画裙子的内部结构，添加褶皱线及腰带装饰线。

step **3** 绘制皮肤的底色，用浅肤色小面积地分别在眉弓、颧骨、鼻子、颈部、手臂和腿部着色。

step 4 在皮肤底色的基础上继续绘制皮肤的暗部颜色。

step 5 深入刻画五官，分别画出眼睛、眼影、眉毛及嘴唇的颜色，然后用针管笔进行勾线。接着填充头发和鞋子的底色，上色时保留一定的笔触，画面部分留白。

step 6 绘制头发的暗部颜色。用彩色针管笔和勾线笔进行深入刻画，然后绘制鞋子的暗部颜色，增强鞋子的质感。

7 step 填充裙子的底色，用柠檬黄色沿着裙子褶皱的方向进行着色，绘制时注意笔触的松动感，画面保持多处留白，因为丝绸面料反光效果强，留白是为后面绘制出丝绸的质感做铺垫。

8 step 绘制裙子的暗部颜色，用深黄色沿着裙子褶皱的方向进行绘制，增强服装的画面层次感。

9 step 用小楷笔勾线，主要强调裙子和鞋子的轮廓线。

5.2.3 牛仔质感

牛仔面料以蓝色为主，但也有浅蓝、靛蓝和深蓝之分，还有少量的黑、白及彩色牛仔。它的特点主要在于穿着舒适、透气性好，是休闲装的代表。它的运用广泛，现今已经不仅仅在休闲装中占有重要地位，也逐渐出现在各大服装品牌的秀场中，在服装界有着不可替代的地位。在绘制服装效果图时，牛仔面料表层的机理不一定要表现出来，但拼接位置的绗缝线迹一定要绘制出来，这是牛仔面料特有的表现手法。

牛仔面料绘制解析

平涂浅蓝色的面料底色。

在第一步的基础上加深面料的颜色，注意在笔触的空隙处可以看见底部的浅蓝色。

用深蓝色彩铅刻画牛仔面料表层的机理。

深入刻画面料的表层机理。

牛仔面料实例运用

step 1 用铅笔绘制出人体及服装的简单轮廓线。

step 2 绘制T恤内部的褶皱线及包包的轮廓线，重点绘制背带裤的内部分割线和褶皱线。

step 3 绘制脸部、颈部、手臂和腿部的皮肤颜色。

Step **4** 绘制皮肤的暗部颜色，尤其是颈部、袖口及裤口处的阴影。

Step **5** 深入刻画五官，并绘制头发的颜色，然后用针管笔勾勒出脸部的轮廓线。

Step **6** 绘制头发的高光，然后填充T恤的颜色。

Step **7** 沿着褶皱的走向绘制T恤的暗部颜色。

8 *step* 绘制背带裤的颜色，沿着面料的褶皱方向进行绘制，直到将颜色铺满，笔触松动，保持画面部分留白。

9 *step* 在背带裤的褶皱及阴影位置添加暗部的颜色。

10 *step* 填充包包及鞋子的颜色，绘制包包时运笔可随意大胆，高光位置直接留白即可。

11 *step* 绘制包包和鞋子的暗部颜色，然后用高光笔刻画包包的细节。接着用黑色针管笔进行勾线，分别勾勒出T恤、手臂、腿部及鞋子的轮廓线，最后用深蓝色针管笔勾勒背带裤的外轮廓线及内部分割线。

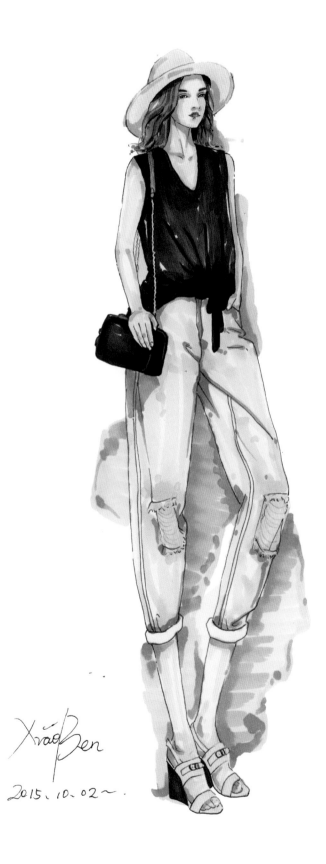

5.2.4 针织质感

针织面料被广泛应用于服装设计中，它是一种由线圈相互穿套连接而成的织物，有经编和纬编之分，同时具有弹性好、抗皱性好和透气性好等特点。针织面料的纹路组织明显、图案清晰，它的图案是根据面料本身的纹理走向而生成的，刻画时注意面料本身的纹理走向及面料依附在人体上的结构变化。在绘制时，可适当地夸张面料本身的针织纹理。

针织面料绘制解析

① 调和浅黄色水彩平涂面料的底色。

② 在第一步颜色的基础上绘制第2层颜色，斜向运笔，保留笔触。

③ 用水彩笔的笔尖勾勒针织面料表层的特殊编织效果。

④ 进行深入刻画。

针织面料实例运用

step 1 用铅笔勾勒线稿，确定人体的基本比例关系。

step 3 绘制皮肤的底色，保持笔触流畅。

step 2 绘制脸部结构、上衣、裙子、包包和靴子的轮廓线，细画五官、上衣褶皱、腰部结构、裙子纽扣及靴子的褶皱线。

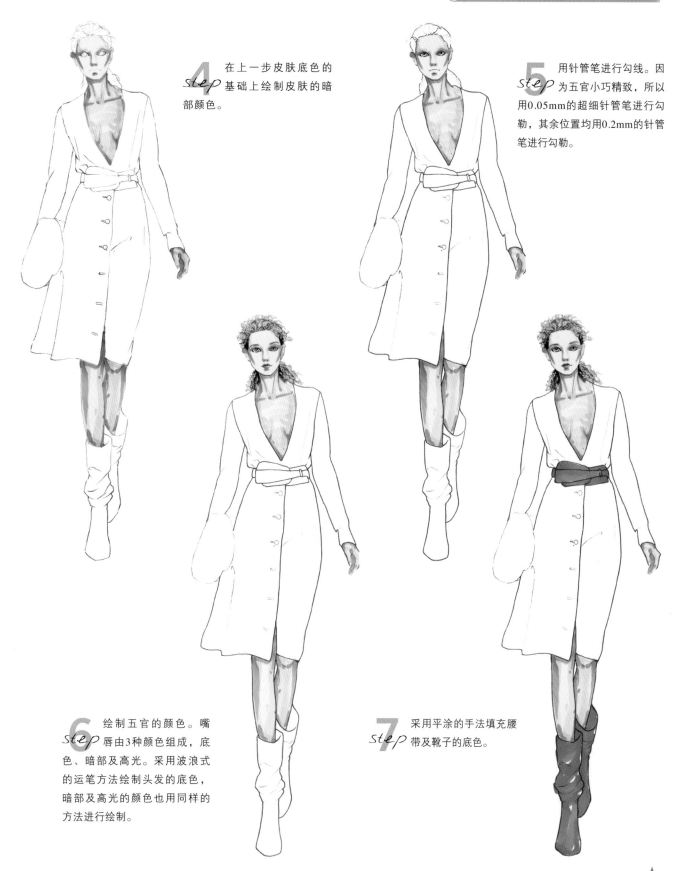

step **4** 在上一步皮肤底色的基础上绘制皮肤的暗部颜色。

step **5** 用针管笔进行勾线。因为五官小巧精致，所以用0.05mm的超细针管笔进行勾勒，其余位置均用0.2mm的针管笔进行勾勒。

step **6** 绘制五官的颜色。嘴唇由3种颜色组成，底色、暗部及高光。采用波浪式的运笔方法绘制头发的底色，暗部及高光的颜色也用同样的方法进行绘制。

step **7** 采用平涂的手法填充腰带及靴子的底色。

step 8 填充针织上衣及包包的底色。因为包包是皮草质感的，所以在绘制底色时要注意运笔的方式，不要平涂画面，而是将线条按照由内向外延伸的规律进行绘制。

step 9 绘制针织上衣、腰带及靴子的暗部颜色。

step 10 填充裙子的底色，绘制皮草包包的暗部颜色。

12 step 用深灰色针管笔绘制针织上衣的纹路。

11 step 绘制裙子的褶皱及纽扣的颜色，然后用高光笔绘制出纽扣的高光。

5.2.5 皮革质感

皮革表面光滑、手感柔软、富有弹性，通常被设计师们应用在秋冬季的服装设计中。皮革面料因为本身可以随意裁剪、没有毛边的特殊工艺，已经不仅仅被局限于做整件的服装设计，现今也被经常应用在局部的细节设计中。

皮革面料绘制解析

用橘色马克笔填充面料的底色。

用棕色彩铅绘制暗部。

绘制高光。

皮革面料实例运用

step 1 用铅笔绘制人体动态及服装廓形。

step 2 深入绘制五官及服装的款式细节，细画外套的内部结构线。

step 3 用0.05mm针管笔勾勒五官的轮廓，以及外套的内部装饰线和褶皱线，然后用0.2mm针管笔勾勒其余线条。

step 4 开始给皮肤着色，先用彩铅绘制出皮肤的中度颜色。

step 5 增加皮肤暗部的颜色，继续用彩铅绘制出眼睛、眼影、眉毛和嘴唇的颜色。

step 6 填充衬衫及背包的颜色，将颜色涂满。

step 7 绘制黑色衬衫的格子图案及背包的纹路图案。

2015.10.12

8 step　填充外套的底色及背包暗部的颜色，着色时尽量不要将颜色画到轮廓线外，保持画面干净整洁。

9 step　填充裙子的底色，用白色彩铅绘制出背包的高光颜色。

10 step　用棕色彩铅绘制外套的暗部颜色，然后用黑色彩铅绘制裙子的暗部颜色。

11 step　用涂改液绘制外套的高光，增强面料的质感。

知识拓展

5.2.6 皮草质感

皮草是一种手感柔软且具有一定厚度的面料，具有蓬松、体积感强等特点。在绘制皮带时，颜色要由浅及深，先铺一层底色再一步一步地深入刻画，最后用细线条的笔顺着皮草的走向在表层进行刻画，这样才能更加细致地表现出皮草的质感和厚度。

皮草面料绘制解析

绘制皮草的面料底色。

在第一步颜色的基础上用浅棕色绘制皮草的第2层颜色。

用深棕色绘制第3层颜色。

用黑色小楷笔绘制最后一层颜色，表现皮草的质感。

皮草面料实例运用

step 1 用铅笔勾勒线稿，绘制出服装的整体廓形。

step 2 将裙子进行分组，方便后期着色。

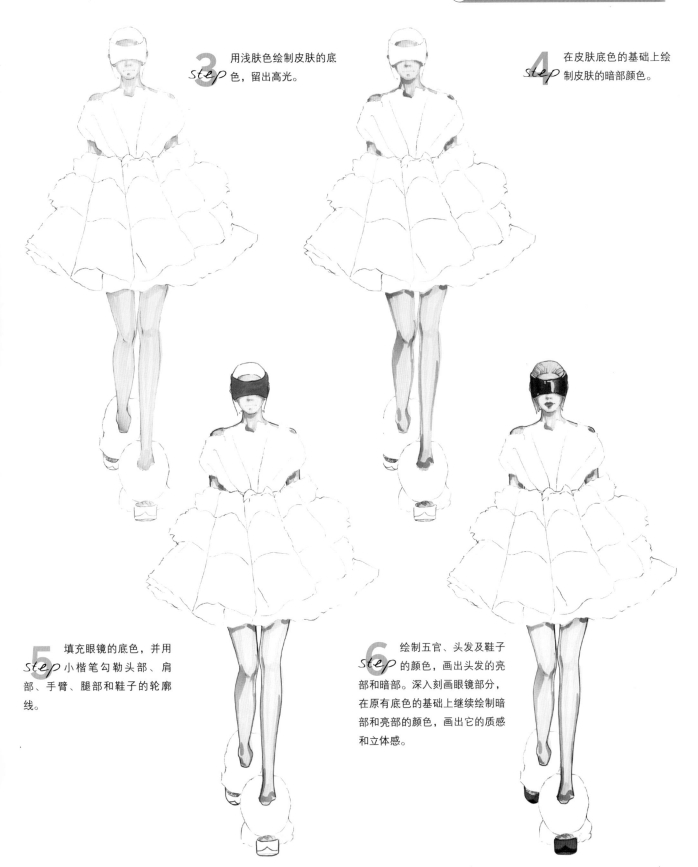

step 3 用浅肤色绘制皮肤的底色，留出高光。

step 4 在皮肤底色的基础上绘制皮肤的暗部颜色。

step 5 填充眼镜的底色，并用小楷笔勾勒头部、肩部、手臂、腿部和鞋子的轮廓线。

step 6 绘制五官、头发及鞋子的颜色，画出头发的亮部和暗部。深入刻画眼镜部分，在原有底色的基础上继续绘制暗部和亮部的颜色，画出它的质感和立体感。

Step **7** 用同一个颜色填充裙子和鞋子的底色，在线稿的基础上进行分组上色，着色时画笔可画出轮廓线外，这样在外观上才更有皮草的感觉。

Step **8** 继续绘制皮草面料，添加暗部的颜色，按照皮草面料的走向进行运笔，保持笔触松动。

Step **9** 继续刻画暗部，增强画面的立体效果。

step 11 用高光笔在皮草面料的表层进行绘制，增强面料表层的质感，最后画出脚底的阴影。

step 10 用小楷笔的笔尖再一次深入地刻画皮草的暗部。

06

服装效果图中的配饰表现

　　服装配饰是为了烘托服装效果而存在的，对服装设计起到重要的辅助作用，具有装饰性和实用性两大特点。它的出现对于设计师而言很重要，因为它能够增强服装的整体艺术效果，让服装变得更加丰富多彩，现今它已成为服装效果图中不可缺少的一部分。服装配饰的种类繁多，主要包括帽子、围巾、包包和鞋子等。

6.1 帽子

帽子其实就是"头部的服饰"。随着时代的发展，人们对美的追求也越来越高，只是停留在实用性上的帽子已经不足以满足人们的需求了，所以现在帽子除了保护头部、遮挡阳光的作用外，它的装饰性尤为重要。在服装效果图中，设计师们应该熟练掌握帽子的绘制方法，因为它起到了美化服装整体效果的作用。

绘制解析

   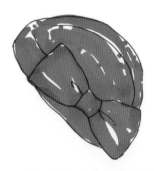

step 1 用铅笔绘制线稿，勾勒出帽子的轮廓线。

step 2 用0.2mm黑色针管笔在铅笔稿的基础上绘制出帽子的轮廓线，然后用橡皮擦拭掉多余的线迹。

step 3 开始着色，首先从帽子上的装饰性蝴蝶结开始，绘制出它的红色底色，保持画面部分留白。

step 4 用同一个颜色继续填充帽子中其他区域的颜色。绘制时注意笔触的掌控，保持画面部分留白。

  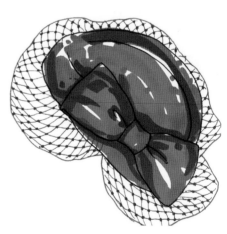

step 5 用深色绘制帽子的暗部阴影的颜色，增强帽子的立体感。

step 6 用红色针管笔勾勒网状面料的边缘线，如果没有一笔绘制成功的把握，建议先绘制出铅笔线稿，再进行勾勒。

step 7 绘制网状面料的交叉线条，并在每个交叉点处点缀一个圆点。

知识拓展

　　帽子的种类繁多，按样式可分为男帽、女帽、童帽和情侣帽等；按用途可分为遮阳帽、雨帽、礼帽和安全帽等；按材质可分为皮帽、草帽、毛呢帽和毡帽等；按款式又可分为鸭舌帽、贝雷帽、京式帽和八角帽等。

羽毛装饰

圆顶小礼帽

缎带装饰

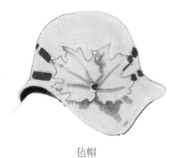

毡帽

立体花朵装饰

蝴蝶结装饰

太阳帽

高顶帽

线迹装饰

装饰性为主的帽子

钟形帽

小面积的皮革装饰

6.2 围巾

围巾作为服装配饰中的一大类别，能对服装的整体效果起到完善的作用。它在服装效果图中经常出现，是服装设计中不可忽视的配饰之一，通常以堆叠的形式围绕在颈部，因此在绘制时要特别注意褶皱的表现方式，这样才能更好地表现出围巾的立体效果。

绘制解析

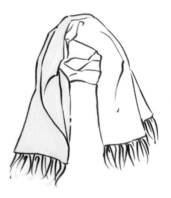

step 1 用铅笔绘制出围巾的轮廓线及内部褶皱线。

step 2 用小楷笔进行勾线，勾勒时注意笔触的粗细变化，增强画面的灵动感，然后用橡皮擦拭掉多余的线迹。

step 3 开始着色，用浅粉色平涂围巾的底色。

step 4 继续用浅粉色平涂围巾剩余区域的颜色，为后期着色做铺垫。

step 5 绘制围巾暗部及褶皱处的阴影颜色。

step 6 用棕色绘制出围巾的横向装饰线条，绘制时注意线条在经过褶皱位置时的曲线变化。

step 7 用同一个颜色继续绘制出围巾的纵向装饰线条，然后用浅灰色绘制出围巾中的横竖交叉线条。

知识拓展

　　围巾的色彩和图案丰富多彩，图案主要以条格和方格为主，有时也会搭配一些圆点和花卉图案。它在功能性上也有所区别，主要包括实用性和装饰性两个方向，例如冬季的围巾主要是以实用性为主，夏季的丝巾主要是以装饰性为主。

撞色圆点印花围巾

方格图案围巾

条格图案围巾

蝴蝶结印花图案围巾

牛奶图案印花围巾

6.3 包包

　　包包是用来装载个人物品的袋子，是日常生活中必不可少的服装配饰，同时也是各大服装品牌秀场中的"常客"。在服装效果图中，包包的造型、材质、色彩和图案的表现很重要，直接影响到包包的外观呈现效果，从而影响服装的整体效果。

绘制解析

step 1 用铅笔绘制出包包的外部轮廓线及内部分割线，然后绘制出内部五角星图案的轮廓。

step 2 用0.2mm黑色针管笔描绘出包包的外部轮廓线，然后用0.05mm黑色针管笔绘制出包包内部具有装饰性的缝纫线迹及五角星的轮廓线。

step 3 用肤色进行平涂上色，将画面涂满。

step 4 绘制包包的暗部颜色，然后用针管笔勾勒出星星图案上方的字母图案，字母图案呈弧形，随着包包表面的褶皱发生变化。字母N处于褶皱最大的位置，在绘制时注意要将其画得扁平一些。

step 5 用深蓝色绘制出包包两侧的横向条格图案

step 6 用同一个颜色绘制出包包下半部的纵向条格图案。

step 7 继续用深蓝色填充包包的提梁和两侧背带的颜色。

step 8 用黑色绘制出条格区域的暗部颜色，然后用黑色针管笔绘制出星星的内部斑马纹的图案。

知识拓展

　　包包适合出现在任何场合，不仅仅因为它本身的实用性，同时还在于它的装饰性。在时代不断变化的今天，包包已经不仅仅被作为服装配饰而出现，它已经独立存在，有着自己的地位及独特的设计。它的种类繁多，主要包括手提包、背包、拎包、钱包和公文包等。

条格包包

白色线迹装饰

斜跨式小背包

以眼球为主体的个性小包包

双肩背包

在画稿完成后用涂改液点缀表层的圆点图案

时尚的豹纹图案

创意包包，用黑天鹅的脖子做包包的提梁

6.4 鞋子

鞋子随着时代的变化而变化，是最重要的服装配饰之一，在日常生活中扮演着重要角色。在服装效果图中，鞋子在整体效果中起到画龙点睛的作用，其中鞋子的质感、色彩和图案的表现是重点。质感的表现在于底色的铺垫；色彩的表现在于服装整体的色彩趋向；图案的表现在于细节的处理方式。

绘制解析

Step 1 用铅笔起形，绘制出鞋子的轮廓线。

Step 2 用0.2mm黑色针管笔勾勒出鞋子的外轮廓线，然后用0.05mm黑色针管笔绘制出具有装饰性的缝纫线迹，接着用橡皮擦拭掉多余的线迹。

Step 3 用黑色填充鞋子侧边金属扣及鞋子底部的颜色。

Step 4 用红色以平涂的方式填充鞋子的底色，注意保持画面部分留白。

Step 5 用同一个颜色继续填充鞋跟处的颜色。

Step 6 绘制鞋子暗部的阴影颜色，保留上一步中的留白区域。

Step 7 用涂改液绘制鞋子表层的圆点图案。

Step 8 继续用涂改液绘制鞋跟处的圆点图案，然后用灰色绘制出鞋子底部的阴影颜色。

知识拓展

　　鞋子按设计风格可以分为简约型、时尚型和个性型等；按种类又可以分为运动鞋、粗跟高跟鞋、细跟高跟鞋、厚底鞋和靴子等。

镂空鞋

线迹装饰

镂空鞋

运动鞋

圆点图案

镂空鞋

窄跟高跟鞋

皮质高跟鞋

靴子

装饰性鞋跟，立体效果强

性感豹纹图案

07

服装效果图中常用手绘工具的表现技法

　　手绘服装效果图是快速表达设计思路的一种方法，设计师们通过手绘方式准确地表现出设计灵感和服装穿着效果。手绘服装效果图是服装设计的基础，首先要求设计师们对手绘工具有充分的了解，因为不同的手绘工具会产生不同的画面效果。本章节主要对几种常用的绘画工具及它们之间的混合应用进行详细的案例分析和讲解，希望通过这些案例分析可以帮助正在盲目寻找方向的设计师们，找到属于自己的绘画方式。

　　马克笔、彩铅和水彩都有多种品牌可以选择，为了方便学习，特别将本小节中所用到的各种画笔的品牌一一列出：马克笔为TOUCHFIVE、彩铅为辉柏嘉、水彩为温莎•牛顿。当然也可以选择其他品牌的类似颜色进行绘制。

7.1 马克笔服装效果图表现技法

马克笔是一种用途广泛的手绘工具，它的优越性在于绘制便捷、表现力强，已经成为如今广大服装设计师们必备的手绘工具之一。马克笔的色彩丰富，通常分成几个系列来表现，主要包括红色系列、蓝色系列、黄色系列及灰色系列等，使用起来非常方便。马克笔不具有很强的覆盖性，淡色无法覆盖深色，所以，在绘制服装效果图时，应该先从浅色开始绘制，然后再用深色进行覆盖，逐步地增加画面的细节及效果。

7.1.1 马克笔笔触解析

马克笔的笔触变化多样，在绘制服装效果图时要特别注意马克笔的运笔方式及手部力度的掌控。马克笔的笔头有方头和圆头之分，它们的笔触也有所不同，大致可分为以下几种。

1.方头宽面笔触

绘制方法1：绘制排线时，第2笔笔触的上边缘要紧挨着第1笔笔触的下边缘进行绘制，在两笔拼接的位置会出现一定的笔触痕迹，这属于马克笔的特殊笔触。绘制时每一笔的力度要保持均匀，起笔和落笔时可以稍做停顿，但在中间过程中不要出现顿笔，保持画面的整体感和美感，以此类推，绘制出整幅画面。

绘制方法2：方法同上，但在笔触的拼接位置上略有不同，第2笔的上边缘保持在第1笔线条的中间位置，与第1笔的下半部的线条进行叠加，第3笔再叠加在第2笔的上面，这样进行反复重叠绘制，画面效果如图，颜色比第1种画法略深一些。

绘制方法3：这种笔触在绘制时，重点注意手臂力度的掌控，从开始到结束，手臂呈一种由用力到放松的状态，通过下笔时先顿笔后抬笔的方式产生笔触上的变化。

绘制方法4：绘制时旋转笔头，让其在宽头与窄头之间进行灵活转化，根据旋转方向的不同绘制出不同粗细变化的线条。

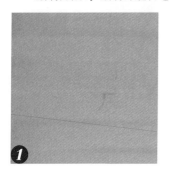  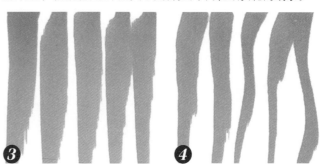

2.方头窄面及侧边笔触

绘制方法1：横向均匀力度画出排线，中间保留一定的间距，起笔和落笔处进行顿笔，适用于条格服装的绘制。

绘制方法2：横向均匀平涂画面，控制好每笔之间的距离，两笔之间不要重叠得过多或者出现过大的空隙。

绘制方法3：通过窄头正面和侧面的旋转变化绘制出粗细变化不同的线条。

绘制方法4：用窄头侧面绘制出的线条很细，几乎可以和圆头绘制出的线条相媲美。

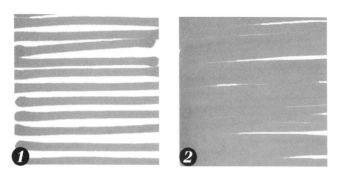
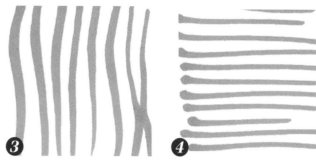

3.圆头笔触

绘制方法1：马克笔圆头绘制出的线条是最细的线条，通常用来进行小面积的填充或者图案边角位置的绘制，当平涂时线条与线条之间出现空隙时，可以在其位置上补充一笔，只要不影响整体效果即可。

绘制方法2：排线式的画法，每笔之间留有一定的空隙，可直接进行绘制，增加画面的艺术美感。

7.1.2 马克笔服装效果图实例表现

在马克笔服装效果图中，常见的画法有两种，笔触法和平涂法。笔触法相对比较自由、放松、灵活，画面通常会产生部分留白的情况；平涂法就是一种将画面均匀涂满的方法。本节主要通过实例绘制对马克笔的应用进行讲解，每个人可以根据自己的专长选择适合自己的绘制方法。

1.笔触法实例表现一

色彩分析

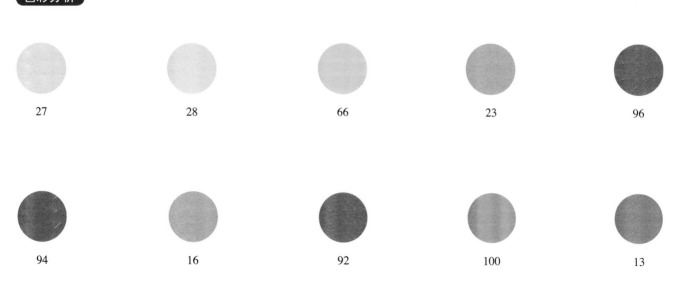

绘制解析

step 1 用铅笔进行起稿，绘制出基本的人体动态、比例关系及服装整体廓型，然后简单的勾勒出头发、五官、腿部及脚部的线条。

step 2 在第1步的基础上绘制出服装的内部褶皱线及鞋子的外部轮廓线，并细化五官、头发内部、手和腿部的线条。

step 3 开始着色，首先填充皮肤的底色，用27号浅肤色马克笔平涂面部及四肢的颜色，然后用28号肤色马克笔分别绘制出面部、手部、腿部及脚部的阴影颜色。着色时切记运笔要肯定，不要反复涂抹，绘制面部时，注意头发给面部带来的阴影区域的颜色。

step 4 深入刻画五官，用28号肤色马克笔绘制嘴唇的颜色，然后用66号蓝色马克笔填充眼睛的颜色，再用23号橘色马克笔绘制眼影的颜色，使面部看上去更加精致美观，接着用28号肤色马克笔绘制头发的底色，最后用96号棕色马克笔填充鞋子表面的颜色。

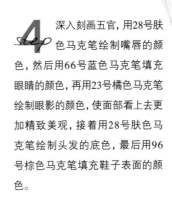

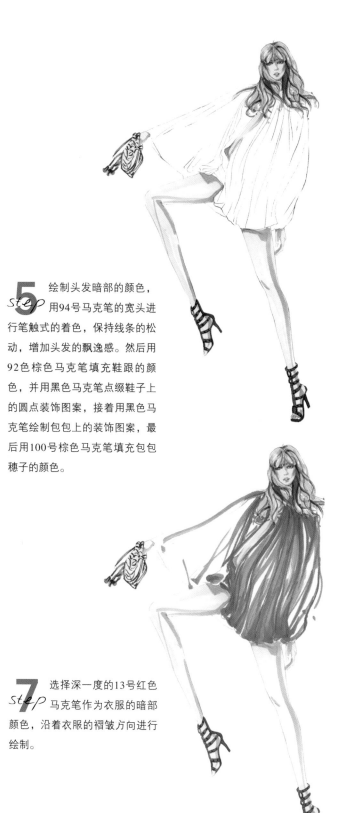

5
step 绘制头发暗部的颜色，用94号马克笔的宽头进行笔触式的着色，保持线条的松动，增加头发的飘逸感。然后用92色棕色马克笔填充鞋跟的颜色，并用黑色马克笔点缀鞋子上的圆点装饰图案，接着用黑色马克笔绘制包包上的装饰图案，最后用100号棕色马克笔填充包包穗子的颜色。

6
step 用16号橘红色马克笔绘制衣服的颜色，从领口处进行运笔，落笔在衣摆处，中间过渡区域可一笔带过。由于每次运笔的力度和方向稍有不同，因此会形成画面中部分留白的效果，营造出这种随意的画面感。

7
step 选择深一度的13号红色马克笔作为衣服的暗部颜色，沿着衣服的褶皱方向进行绘制。

8
step 用高光笔绘制出眼睛、颧骨、鼻子和额头的高光部分，表现出皮肤的光泽感。紧接着绘制出头发及服装的高光色，增强画面的层次感。

2.笔触法实例表现二

色彩分析

绘制解析

31（Touchthree）

66

93

28

100

132

133

CG2

131

CG5

CG1

1 step 用铅笔绘制出人体的基本轮廓及动态，掌握好人体的比例关系。特别注意头部、肩部、腰部及腿部比例的分配。

2 step 继续用铅笔绘制整体的轮廓线、裙子的结构线及服装的内部褶皱线。

Step 3 开始着色，用131号肤色马克笔进行绘制。先从面部五官开始，分别绘制额头、眼睛、颧骨、鼻子、嘴唇和耳朵的颜色，画出面部的立体感，然后绘制颈部、手臂、手和腿部的颜色，这里并不需要将画面全部涂满。

Step 4 增加皮肤的暗部颜色，用28号肤色马克笔在皮肤的阴影区域继续绘制，例如颈部、腋下和腿部，都属于重点绘制区域。

Step 5 绘制五官，用66号蓝色马克笔填充眼睛的颜色，然后用93号棕色马克笔绘制眉毛的颜色，接着用28号肤色马克笔绘制嘴唇的底色，再用橘红色彩铅进行辅助上色，绘制出嘴唇的立体感，最后用0.05mm的黑色针管笔勾勒出面部五官及颈部线条。

Step 6 用31号棕色马克笔填充头发的底色，然后用黑色马克笔填充发带的颜色，接着用132肤色马克笔填充袜子的底色。

7 *step* 绘制头发及袜子的暗部颜色，分别用93号棕色马克笔和133号肤色马克笔进行绘制，然后用棕色针管笔在头发的边缘处画一些凌乱的发丝，使头发看上去更加生动、飘逸。

8 *step* 用31号棕色马克笔绘制裙子上半部的条格图案，条格图案的走向随着衣褶方向的变化而发生变化。

9 *step* 继续用同一个颜色、同一种方法绘制出裙子下半部的条格图案，注意条格方向的变化。

10 *step* 用100号棕色马克笔和93号棕色马克笔绘制裙子的暗部颜色，然后用CG2号灰色马克笔和100号棕色马克笔填充鞋子的颜色。

12 *step* 用CG1号灰色马克笔绘制裙子整体的暗部颜色，然后用小楷笔进行整体勾线，主要用来强调服装的整体效果及结构。

11 *step* 分别用CG5号灰色马克笔和93号棕色马克笔绘制鞋子的暗部颜色。

XiaoBen

2015、11.04～.

3.平涂法实例表现

色彩分析　　**绘制解析**

31（Touchthree)

27　　　　28

BG7　　　136

BG5　　　135

100　　　WG6

66　　　WG2

WG8　　　132

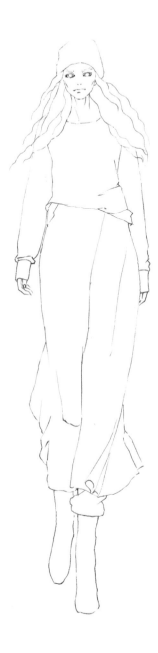
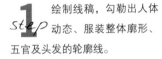

1 step 绘制线稿，勾勒出人体动态、服装整体廓形、五官及头发的轮廓线。

2 step 继续用铅笔进行深入刻画，首先绘制出头发内部的分组线条，然后绘制衣服及裤子的内部褶皱线，再绘制出鞋子的内部结构及绑带的装饰线条。

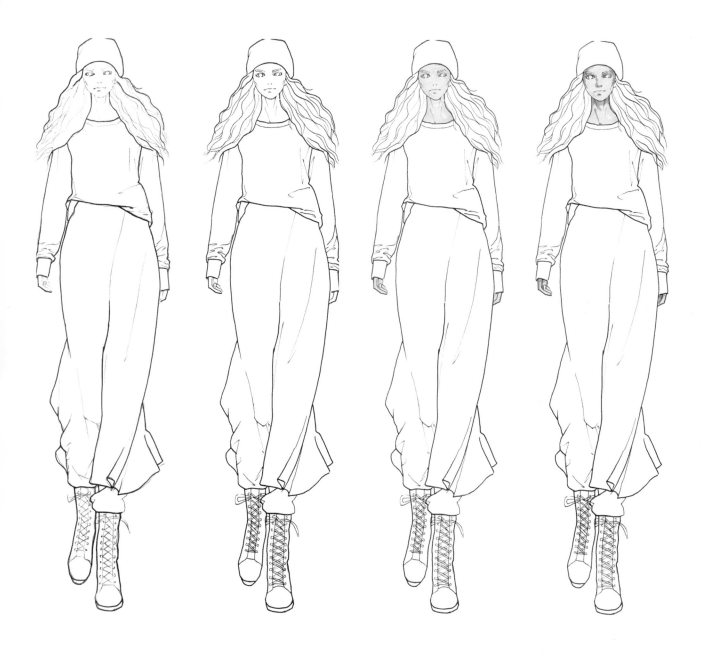

3 Step 勾勒外轮廓线。在勾勒时可以选择相对粗一些的针管笔，用0.2mm的黑色针管笔进行勾线，主要勾勒出帽子、头发外边缘、上衣外轮廓、裤子外轮廓及鞋子的外部轮廓线。

4 Step 用最细的0.05mm黑色针管笔分别勾勒出五官、头发内部、上衣内部褶皱、裤子内部褶皱及鞋子的线条，同上一步的0.2mm的线迹形成对比，增强画面的层次感，然后用橡皮擦拭掉铅笔痕迹，保持画面整洁。

5 Step 用27号肤色马克笔填充面部、颈部和手部的皮肤颜色。

6 Step 用28号肤色马克笔绘制皮肤的暗部颜色，着重刻画眼睛及颈部。

7 step 绘制五官及头发的颜色，用66号蓝色马克笔填充眼睛的颜色，然后用28号肤色马克笔填充嘴唇的颜色，接着用93号棕色马克笔绘制眉毛的颜色，最后用31号棕色马克笔绘制头发底部的颜色。

8 step 分别用BG5号灰色马克笔和135号肤色马克笔填充帽子和上衣的颜色，然后用马克笔的宽头进行平涂上色。边角填充不到的区域最后用圆头进行补充，将画面填满。

9 step 绘制帽子的暗部颜色，用BG7号灰色马克笔根据帽子纹路的走向进行绘制，再用高光笔提亮帽子的高光位置，然后用100号棕色马克笔绘制头发的暗部颜色，运笔的方向随着头发的波浪曲线而变化，并用棕色针管笔绘制出头发边缘处的发丝。用136号肤色马克笔绘制上衣的暗部颜色，用涂改液填充胸前的白色字母装饰图案，待涂改液干了后用0.05mm的黑色针管笔勾勒出字母的外轮廓边缘线。

10 step 用WG2号灰色马克笔平涂裤子的底色，运笔方向从腰部向下，笔触干净利落、一笔到位，笔触之间可出现少部分留白区域，颜色尽量不要画到轮廓线外，保持画面的干净、整洁。

13 **step** 用高光笔绘制整幅画面的高光部分，包括面部、颈部、上衣、裤子及鞋子的高光区域。

11 **step** 选择同色系WG6号灰色马克笔作为暗部的颜色，在裤子的阴影处进行着色。

12 **step** 用WG8号灰色马克笔填充靴子的颜色，然后用132号肤色马克笔填充靴子口的颜色。

2015.11.13

7.1.3 马克笔服装效果图作品赏析

7.2 彩铅服装效果图表现技法

　　彩铅技法是快速表现服装效果图的技法之一，它是一种半透明材料，表现手法独特，用它画出的线条细腻、多样，同时还可以进行多种颜色的混合叠加使用，并且同一种颜色通过力度和方向的不同会产生不同的画面效果，用来绘制服装效果图时可以充分展现出画面的质感。

7.2.1 彩铅笔触解析

　　每种画材都有自己独特的笔触，想要学习使用彩铅绘制服装效果图的方法，首先要了解和掌握彩铅的笔触，这样才能更好地掌控和运用它。彩铅的笔触很特别，在绘图时最大的优点在于可以像用普通的铅笔一样顺手，但在绘制时要注意控制手臂的力度，它直接影响到画面颜色的变化。

1.不同笔触的表现

　　排线法：和素描的排线法一样，保持均匀的力度从任意一个方向开始绘制，通过排线的形式进行上色，线与线之间保持均匀的距离、均匀的力度。

　　平涂法：可以理解为用多层排线反复进行交叉绘制而形成的满福画面，绘制时保证线条有一定的方向和规律，这样呈现出的画面效果才会干净、细腻，笔触痕迹不明显。

　　水溶法：画法与普通彩铅类似，不同的地方在于画面完成后可以用含水的毛笔将颜色进行溶解，画面产生类似水彩的晕染效果。

2.不同力度的表现

下图为同一只彩铅在不同力度下上色产生的不同画面效果，力度越大颜色越深。

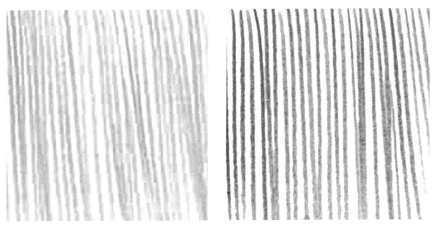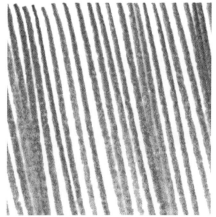

下图为不同力度下用同一只彩铅所绘制出的不同水溶效果。

7.2.2 彩铅服装效果图实例表现

彩铅主要分为蜡质彩铅和水溶彩铅两种。在绘制服装效果图时主要有3种表现方法：排线法、平涂法和水溶法。排线法是将彩铅进行排线式上色的一种方法，通过绘图的力度、区域的划分及排线的紧密程度进行区分；平涂法是指用均匀的力度将画面涂满，是常用的一种表现方法；水溶法要用水溶彩铅来实现，水溶彩铅具有溶于水的特点，将含水的笔涂抹在画面上时，彩铅会与其进行融合，画面呈现水彩效果。

1.排线法实例表现

色彩分析

| 432 | 430 | 478 | 476 | 49 | 421 |

483　　　447　　　445　　　451　　　443　　　444

绘制解析

step 1 用铅笔起形，绘制出人体的基本动态、比例关系、头部结构及裙子轮廓。

step 2 绘制裙子结构线及内部褶皱线。注意裙子腰部位置的表现，腰部属于褶皱最多的地方，在绘制线稿时要确保线条表达清晰、有方向感。

step 3 用0.05mm黑色针管笔勾勒五官及颈部结构，然后用0.2mm黑色针管笔勾勒出人体和服装的整体外部轮廓线，保证线条流畅。在勾勒过程中可以适当地对形体线条进行调整，并保证线与线拼接的位置不会出现明显的拼接痕迹。

step 4 用0.05mm黑色勾线笔勾勒头发内部及手部的线条，然后勾勒出裙子内部的所有褶皱线迹，接着用橡皮擦拭掉铅笔痕迹。

step **5** 开始着色，用499号黑色彩铅绘制头饰和耳坠的颜色，通过对力度的调整绘制出明暗变化，然后用平涂的方式填充裙子上黑色装饰线条的颜色，以及绘制头发的暗部颜色。

step **6** 绘制皮肤的颜色，先用最浅的432号肤色彩铅绘制出皮肤的底色。

step **7** 用430号肤色彩铅加深皮肤的底色，并在其基础上用478号棕色彩铅绘制皮肤的暗部颜色。然后用447号蓝色彩铅填充眼睛的颜色，接着用421号红色彩铅填充嘴唇的底色，最后用478号棕色彩铅绘制上嘴唇及下嘴唇上的阴影颜色。

step **8** 用483号土黄色彩铅绘制头发的颜色。

9 step 用476号棕色彩铅绘制头发的暗部颜色。然后开始给裙子着色，首先用445号蓝色彩铅沿着裙子的结构及褶皱的方向进行排线式上色。

10 step 继续用同一个颜色绘制裙摆的颜色。绘制褶皱位置时颜色可以稍微重一些，突出裙子的褶皱变化。

11 step 用451号蓝色彩铅加深裙子的整体颜色，尤其是褶皱及阴影区域的颜色，然后用同一种颜色的彩铅填充鞋子的颜色。

12 step 用443号蓝色彩铅加深裙子的暗部颜色。

2.平涂法实例表现

色彩分析

432   430

478   416

421   451

443   483

499

绘制解析

step 1 用铅笔绘制线稿，勾勒出人体动态和服装廓形，然后细画五官、头发、外套、裤子及背包的轮廓线。

step 2 继续用铅笔绘制外套中的条格图案。

step 3 用0.2mm黑色勾线笔勾勒出头部、外套、裤子、鞋子及背包的整体外部轮廓线，保证线条流畅。

4 step　用0.05mm黑色勾线笔勾勒面部五官、颈部内侧、裤子褶皱、背包褶皱及外套的条格图案线条。

5 step　绘制皮肤的颜色，用432号浅肤色彩铅分别对面部、颈部及手部进行填充。

6 step　用430号肤色彩铅继续绘制皮肤的颜色及嘴唇的颜色，然后用478号棕色彩铅绘制皮肤的暗部颜色，接着用499号黑色彩铅绘制头发的暗部颜色。

step 7 用416号橘红色彩铅在眼睛周围绘制眼影的颜色，然后用421号红色彩铅平涂背包的底色，绘制时可以通过颜色的深浅变化表现背包的立体效果。

step 8 用451号蓝色彩铅绘制裤子的颜色，在裤子内侧、膝盖区域及裤口处将彩铅进行加深处理，区分裤子的明暗面。

step 9 用同一种颜色的彩铅绘制打底衫的蓝色条格图案。由于条格较细，起形时并未绘制线稿，因此在这一步直接进行绘制即可，绘制时注意图案要随着衣服褶皱的变化而发生曲线变化。然后用478号棕色彩铅继续加深背包的暗部颜色。

10 绘制头发的颜色，用483号土黄色彩铅进行局部上色，亮部区域可以留白或者浅浅地涂上一层黄色即可。然后用451号蓝色彩铅绘制打底衫的暗部颜色，接着用443号蓝色彩铅和499号灰色彩铅继续加深裤子暗部区域的颜色。

12 继续用416号橘红色彩铅绘制画面中外套右侧的条格图案，完成整幅画面。

11 用416号橘红色彩铅以平涂的方式填充画面中外套左侧的条格图案。

XiaoBen

2015·11·08~

2.平涂法实例表现

色彩分析

432

478

430

476

421

499

483

496

绘制解析

step **1** 本案例绘制的是水溶彩铅服装效果图，在纸张的选择上和前面有所区别，需要用到水彩专用纸。先用铅笔起形，绘制人体动态、服装廓形和五官结构，注意左手处于支撑状态，重心偏左。

step **2** 用铅笔绘制腿部膝盖位置的结构线、鞋子的内部结构线及裙子内部的褶皱线和条纹图案，条纹图案的线条呈纵向平行式的曲线。

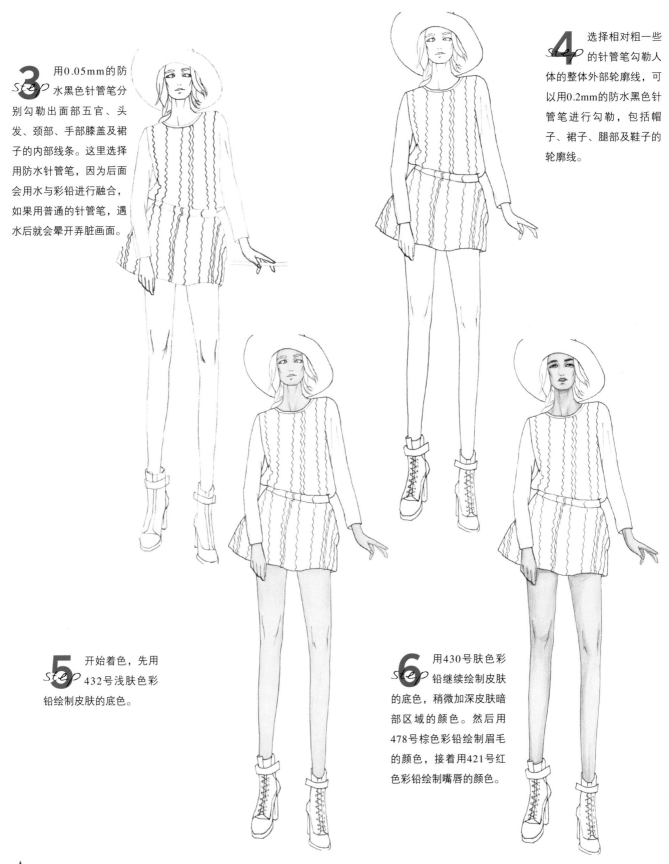

Step 3 用0.05mm的防水黑色针管笔分别勾勒出面部五官、头发、颈部、手部膝盖及裙子的内部线条。这里选择用防水针管笔，因为后面会用水与彩铅进行融合，如果用普通的针管笔，遇水后就会晕开弄脏画面。

Step 4 选择相对粗一些的针管笔勾勒人体的整体外部轮廓线，可以用0.2mm的防水黑色针管笔进行勾勒，包括帽子、裙子、腿部及鞋子的轮廓线。

Step 5 开始着色，先用432号浅肤色彩铅绘制皮肤的底色。

Step 6 用430号肤色彩铅继续绘制皮肤的底色，稍微加深皮肤暗部区域的颜色。然后用478号棕色彩铅绘制眉毛的颜色，接着用421号红色彩铅绘制嘴唇的颜色。

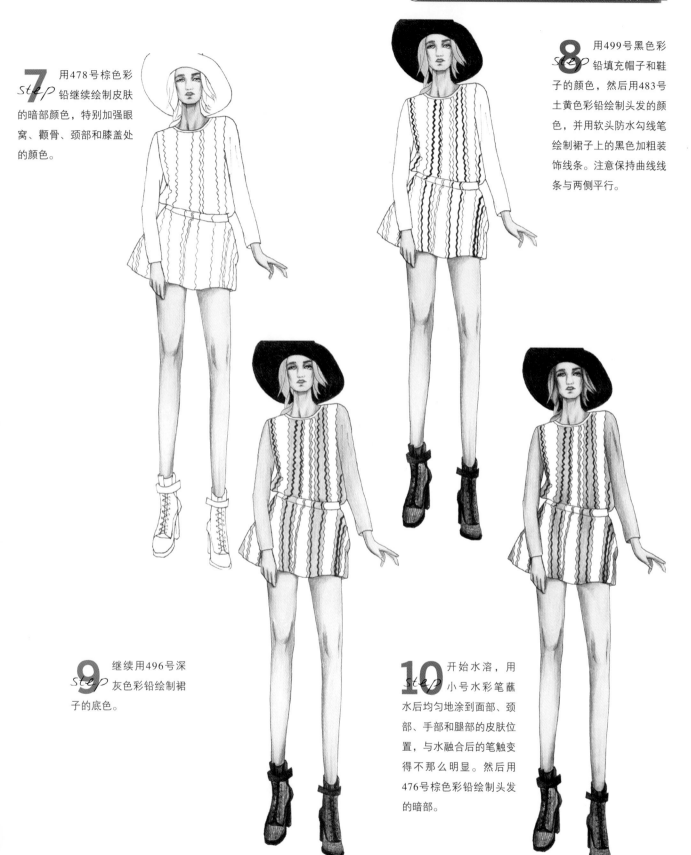

7 *step* 用478号棕色彩铅继续绘制皮肤的暗部颜色，特别加强眼窝、颧骨、颈部和膝盖处的颜色。

8 *step* 用499号黑色彩铅填充帽子和鞋子的颜色，然后用483号土黄色彩铅绘制头发的颜色，并用软头防水勾线笔绘制裙子上的黑色加粗装饰线条。注意保持曲线线条与两侧平行。

9 *step* 继续用496号深灰色彩铅绘制裙子的底色。

10 *step* 开始水溶，用小号水彩笔蘸水后均匀地涂到面部、颈部、手部和腿部的皮肤位置，与水融合后的笔触变得不那么明显。然后用476号棕色彩铅绘制头发的暗部。

11 **step** 用水融合灰色裙子的颜色，建议将水彩笔换成大一号的，同时保证笔尖处的水分充足。绘制时注意不要反复涂抹，否则容易弄脏画面。

12 **step** 用蘸了水的水彩笔继续涂抹帽子部分。等水分晾干后再继续涂抹头发区域，否则帽子上的黑色会弄脏头发的颜色，使画面变脏。最后将画面晾干，完成整幅作品。

2015. 11. 26.

7.2.3 彩铅服装效果图作品赏析

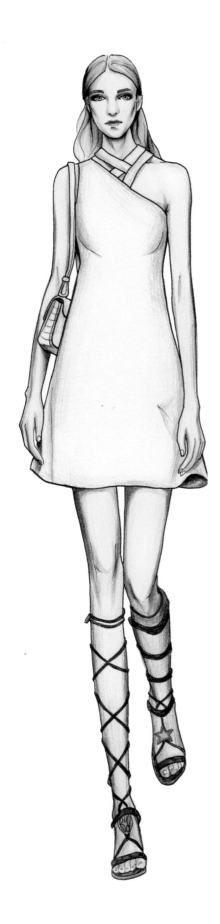

7.3 水彩服装效果图表现技法

水彩是设计师们最常用的表现技法之一，它在服装效果图中的表现灵活多变，能够生动而准确地表达设计师的想法，也因其丰富的表现能力、快速易干、色彩层次丰富和材料透明灵活的特点深受现代服装设计师们的喜爱。

7.3.1 水分的掌控

水彩具有渗透、流动和蒸发等特点。水分的运用和掌握是水彩技法的重点，画面颜色深浅的变化主要取决于水分的多少。水分越多浓度越低、颜色越淡；相反，水分越少浓度越高、颜色越深。所以，在绘制水彩服装效果图时要充分发挥水的作用。

下图为同一种颜色通过融入不同的水分来改变画面的颜色，水分越多颜色越淡。

下图是以黑色为例，通过水分的不同来改变颜色的深浅。

7.3.2 水彩服装效果图实例表现

　　水彩画的基本技法包括干画法和湿画法两种。干画法适合初学者学习，绘制时将颜色直接涂在干的画纸上，待颜色干了后再继续涂色，可以反复进行着色，有时同一个区域需要绘制2~3次，甚至更多，这种画风比较容易掌握，它的特点主要在于色彩层次丰富、表现手法肯定、形体结构清晰、不需要渗化效果；湿画法是将纸张浸湿后，在还未干的情况下进行着色，对水分和时间的掌控能力要求很高，画面效果丰富圆润、过渡自然。

1.干画法实例表现

色彩分析

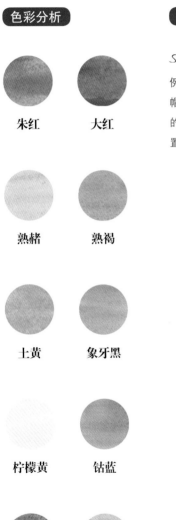

朱红　　　　大红

熟赭　　　　熟褐

土黄　　　　象牙黑

柠檬黄　　　钻蓝

群青　　　　酞青蓝

绘制解析

1 *step* 用铅笔在水彩纸上起形，确定人体动态及比例关系，然后绘制五官、头发、帽子、衣服、背包、裤子及鞋子的轮廓线。绘制时注意重心的位置，头部处于两腿之间。

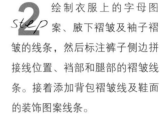

2 *step* 绘制衣服上的字母图案、腋下褶皱及袖子褶皱的线条，然后标注裤子侧边拼接线位置，裆部和腿部的褶皱线条。接着添加背包褶皱线及鞋面的装饰图案线条。

3 Step 开始着色。用朱红加入少量的大红调和成浅肤色，在皮肤区域进行着色。时刻准备好纸巾，当水分过多或者颜色较深时，可用纸巾直接进行吸附，从而减少水分和降低色彩浓度。

4 Step 颜色调和同上，只是将加入的水分减少，调和成皮肤的暗部颜色，然后用最小号的水彩笔分别在眼睛、鼻底、颧骨、下巴和耳朵的暗部进行着色。接着加深颈部、手部和腿部的皮肤阴影的颜色。

6 Step 用柠檬黄绘制模特手中冰激凌的颜色，然后用土黄色填充头发的暗部。接着用一点点的土黄加入一点点的熟褐填充帽子、鞋底和搭在肩部上的衣服的颜色。

5 Step 确定皮肤的颜料都干后，开始画头发和眼镜。用土黄色加入充分的水绘制头发的颜色，待头发颜料干后，用黑色继续填充眼睛和眼镜的颜色，再用朱红填充嘴唇的颜色。

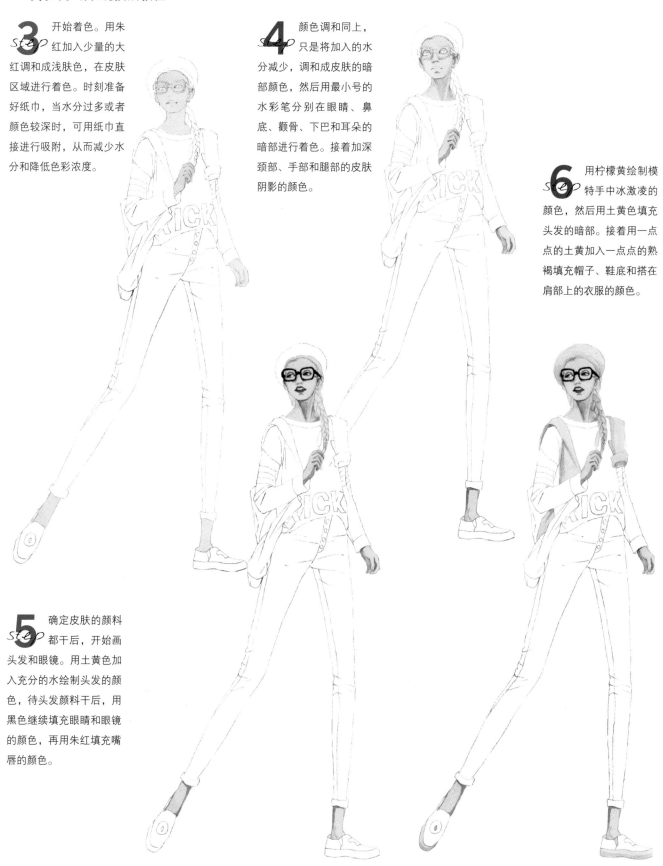

7 Step 画衣服和背包。用钴蓝加入少量的群青绘制背包的颜色，待画面干了后，在其颜色的基础上融入更多的水分，用来绘制衣服和鞋子的颜色。注意填充衣服颜色时要避开下方的字母图案，保持字母图案是白色的。

8 Step 在原有颜色的基础上融入酞青蓝，用来勾勒衣服的轮廓，领口和袖口的螺纹线条，以及绘制衣服和背包的暗部颜色。

10 Step 在上一步颜色的基础上继续融入黑色，用来绘制裤子的暗部和褶皱的颜色，可以用小号画笔进行深入刻画，完成整幅画面。

9 Step 融合酞青蓝和少量的黑色，用大号的水彩笔进行裤子的颜色的绘制。绘制时注意不要将颜色画到轮廓线外。如果觉得颜色不够深，可以在画面还未干时用同一个颜色在同一个位置重复画一遍，注意空出高光位置。然后用黑色填充鞋面上的字母图案。

2.干画法实例表现

色彩分析

朱红　　　象牙黑

大红　　　熟褐

土黄　　　树绿

橙色　　　宝石翠绿

绘制解析

step 1 绘制线稿，画出整体构图，确定人体动态及比例关系。

step 2 继续用铅笔绘制服装的细节，包括衣服的条格图案、裙子的花卉纹样及包包的内部结构线条。

step 3 水彩上色一般先从最浅的部分开始，所以先画皮肤的颜色。用橘红加入少量的大红调成浅肤色，用2号水彩笔分别在面部、颈部、手臂和腿部填充颜色。在画面未干时，把纸巾平铺在画面上，用来吸附水分，减淡皮肤颜色。

4 **step** 换成小号的水彩笔，继续用同一种颜色绘制皮肤的暗部。注意不需要用纸巾进行吸附，可以使同一种颜色产生具有明暗变化的画面效果。

5 **step** 用土黄色绘制耳坠、橙色绘制嘴唇、黑色绘制头发和眉毛，然后用小笔填充眼睛的颜色，接着勾勒出眼睛的上眼线。

6 **step** 用小号水彩笔细画头发，增强头发的层次感。然后用土黄调和熟褐绘制耳坠的暗部颜色，接着用小号水彩笔填充衣服的领口和袖口的黑色边缘线。

7 **step** 将黑色融入充足的水分用来填充腿部长筒袜的颜色。在其颜色的基础上再次融入更多的水分用来填充衣服和裙子的浅淡灰底色。

8 调和黑色，控制水分，用小号水彩笔填充衣服上的横向条格图案。然后用笔尖绘制裙子腰部、前身及裙摆处的曲线装饰线条。

9 调和土黄色用来绘制裙子上的装饰纹样，然后用大红色绘制裙子中的花朵纹样。

10 将树绿、宝石翠绿和少量熟褐进行调和，用来绘制裙子中的绿叶纹样。然后用黑色绘制出其他装饰纹样，这里的黑色浓度较高，不需要加入过多的水分。

12 *step* 用土黄色绘制包包的颜色，然后用黑色绘制鞋子的颜色。

11 *step* 用黑色继续深入刻画长筒袜的暗部颜色，可以用勾线笔进行绘制，注意明暗变化。

Xiao Ben

2015. 11. 5 ~

3 干画法实例表现

色彩分析

绘制解析

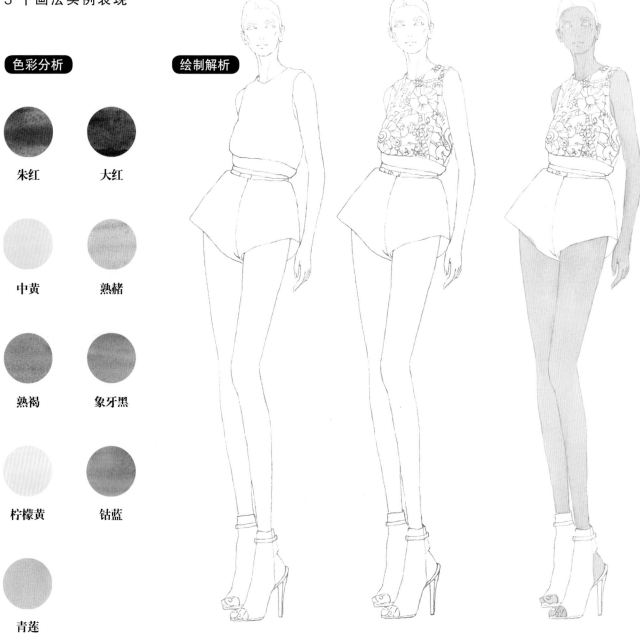

朱红　　大红

中黄　　熟赭

熟褐　　象牙黑

柠檬黄　　钴蓝

青莲

1 *step*　用铅笔起形,画出人体动态、比例结构。模特的重心落在右腿上,左肩向上倾斜,保证肩部结构线与腰部结构线在延长线上呈交叉状。

2 *step*　用铅笔绘制衣服上的花卉装饰纹样,保证线条正确、画面清晰,方便后面步骤的上色。

3 *step*　首先进行皮肤上色,以朱红和大红为主,融入少量的中黄,调和浅肤色用来绘制皮肤的底色。

4 在上一步的上色区域完全干后再画阴影的颜色，防止阴影色与皮肤底色晕成一片而弄脏画面。

5 用熟赭调和熟褐勾勒皮肤的外轮廓，然后用黑色绘制头发的底色和眼睛的颜色，接着用朱红填充嘴唇的颜色。

6 将黑色融入充足的水分调和成浅灰色来填充衣服和短裤的颜色，然后用熟褐色填充鞋子的底色，接着用黑色深入刻画头发，加深头发的颜色。

7 将黑色调和成灰色，用来绘制短裤的暗部。然后开始绘制衣服上的花卉纹样。

9 step 用熟褐绘制鞋子的暗部颜色，然后用勾线笔勾勒衣服、短裤和鞋子的外部轮廓线。

8 step 用勾线笔勾勒衣服中的黑色装饰线条，根据铅笔稿进行有序的勾勒，注意线条的粗细变化。然后用黑色水彩绘制出鞋子上边缘处的黑色线条。

XiaoBen

2015. 11-20~

7.3.3 水彩服装效果图作品赏析

7.4 手绘工具的综合应用

手绘服装效果图可以用单一的绘画工具进行表现，也可以用多种不同的绘画工具进行综合表现。每种手绘工具都有着各自的特点和局限性，为了更好地表现设计效果，有时单一的技法已经不足以满足设计师们的需求了，这时就需要通过将几种不同的手绘工具同时进行混合应用进行表现。

7.4.1 马克笔与彩铅结合表现技法

马克笔与彩铅的特性有着明显的不同，马克笔在色块的过渡上线条生硬明显，彩铅正好相反，在色块的过渡上自然细腻，它们之间的结合刚好起到相辅相成的作用，使画面达到最好的效果。在绘制过程中，马克笔主要用来进行大面积的上色，处于主导地位；彩铅主要用来刻画细节，处于辅助地位。

1.实例表现一

色彩分析

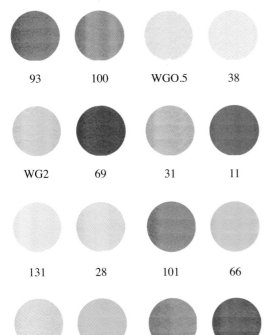

93	100	WGO.5	38
WG2	69	31	11
131	28	101	66
36	61	8	70

马克笔

416	444	499	425

彩铅

绘制解析

1 *step* 用铅笔起形，绘制人体动态、服装廓形及五官结构，掌控好人体比例关系。案例中模特的腿处于迈开状态，右脚向前、左脚在后，裙子紧贴在左腿的小腿处，绘制时注意裙子轮廓的表现。

step 2 用铅笔绘制裙子腰部位置图案的简体轮廓及裙摆处的褶皱线，方便后面步骤的上色。

step 3 用0.2mm的黑色针管笔勾勒出人体的整体外部轮廓线，从头部开始逐步向下进行勾勒，保持线条流畅、画面整洁。

step 4 用0.05mm的黑色针管笔进行细节勾勒，首先勾勒出面部五官及头发的内部线条，再勾勒出裙子的内部褶皱线及裙子上印花图案的色块分割线。

step 5 从皮肤开始着色，用131号肤色马克笔进行平涂式上色，并将所有的皮肤区域全部涂满。上色时注意不要将颜色涂到轮廓线外，保持画面的整洁干净。

6 step 用28号肤色马克笔绘制皮肤的暗部颜色，分别在面部、手臂及腿部的阴影区域进行上色，增强皮肤的立体画面感。

7 step 用101号棕色马克笔绘制头发的底色，注意笔触变化，画面可以保持部分留白。然后用66号蓝色马克笔填充眼睛的颜色，再用93号棕色马克笔填充眉毛的颜色，由于绘制的面积较小，因此这里可以用马克笔的圆头进行绘制，接着用28号马克笔给嘴唇涂上底色，最后用416号橘红色彩铅进行深入刻画。

8 step 填充裙子和鞋子的底色，用WG0.5号灰色马克笔进行绘制，然后用100号棕色马克笔绘制头发的暗部颜色。

9 step 分别用38号和36号黄色马克笔填充裙子腰部印花图案的颜色。

10 step 用61号蓝色马克笔和8号粉色马克笔填充裙子中印花图案的颜色。

11 step 用70号蓝色马克笔填充裙子其他空白区域的颜色，上色时注意边缘处颜色的处理，两个色块的拼接位置在笔触上有一定的变化，并不是特别的整齐。

12 step 用WG2号灰色马克笔绘制裙子和鞋子的暗部颜色，然后用69号深蓝色马克笔绘制印花图案的暗部颜色，接着用31号黄色马克笔、70号蓝色马克笔和11号红色马克笔分别用点画的方式点缀印花图案中各色块内部的颜色。

13 step 用444号深蓝色彩铅加强印花图案的暗部颜色，使暗部颜色过渡得更加自然和谐，然后用401号白色彩铅提亮印花图案的亮部区域。

14 step 继续用499号黑色彩铅加深印花图案的暗部颜色，增强画面的立体效果。

15 step 用425号枚红色彩铅绘制印花图案中玫红色区域的暗部颜色，最终完成整幅作品。

2015. 11. 14～

2.实例表现二

色彩分析

135   120

27   28

马克笔

478   416

421

彩铅

绘制解析

step **2** 继续用铅笔画出裙子中的条格图案，条格图案随着裙子本身褶皱的变化而变化，裙子正面的条格图案属于宽条格，裙摆侧边的条格图案属于窄条格，绘制时要有所区分。

step **1** 绘制铅笔稿，确定好人体的基本动态和比例后从面部开始画起，向下依次画出肩部、手臂和裙子的外部轮廓线，然后细化裙子的内部结构。

step **3** 用0.2mm的黑色针管笔进行勾线，首先勾勒出人体的外部轮廓线，以及内部结构线和褶皱线。

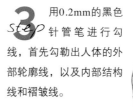

4 step 用0.05mm的黑色针管笔分别勾勒出面部五官、头发内部线条及裙子上的条格图案。面部五官的面积很小，所以在这里选择用最细的针管笔进行勾勒。

5 step 从皮肤开始着色，首先用27号浅肤色马克笔给皮肤进行平涂上色，留出眼睛的区域。

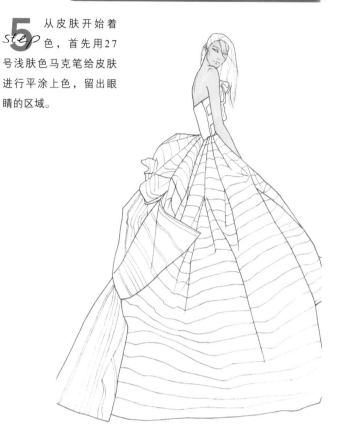

6 step 先用28号肤色马克笔绘制一遍皮肤的暗部颜色，然后用478号棕色彩铅继续绘制皮肤的暗部颜色，增加皮肤颜色的过渡层次。接着用416号橘色彩铅和421号红色彩铅绘制嘴唇的颜色，上嘴唇处于暗部区域，颜色较深。最后用499号黑色彩铅绘制眼睛和眉毛的颜色。

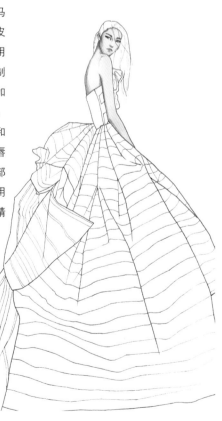

7 step 彩铅的笔触比马克笔更加灵活、细腻，在这里头发的绘制选择彩铅更加适合，只用一个颜色就可以将头发的稀疏变化及明暗关系画出来。

8 step 用135号肤色马克笔填充裙子中条格图案的颜色，上色时可以将颜色填到条格边框外，这里指的是条格图案的上下方向，不是指裙子的轮廓线外。因为裙子中另一个条格区域的颜色是黑色的，它可以将之前画出来的区域完全盖住，不会影响到画面的整体效果，所以在这一步的上色过程中也可以选择另一种填充方式，就是可以用135号肤色马克笔先将画面全部填满。

9 step 用120号黑色马克笔填充裙子的上半部的颜色，然后用499号黑色彩铅进行辅助式上色，增加黑色区域的明暗变化。

10 step 绘制裙子上的黑色条格图案，用120号黑色马克笔进行填充。填充时注意边缘线的处理，在画到边缘的地方下笔要小心，不要将颜色画出边框。

11 **step** 用499号黑色彩铅加深裙子的暗部颜色，然后用401号白色彩铅提亮面部和裙子的高光部分。特别注意裙子高光位置的处理方式。

3.实例表现三

色彩分析　　　　**绘制解析**

13

93

142

120

97

CG9

131

28

马克笔

step 1 用铅笔起形，画出人体的基本动态及比例关系，处理好手臂、腰部和腿部的动态造型。案例中裙子的款式为腰部以下两侧开叉设计，左侧大腿几乎全部露在外面。

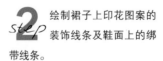

499　　　　414

彩铅

step 2 绘制裙子上印花图案的装饰线条及鞋面上的绑带线条。

Step 3 用0.05mm的黑色针管笔勾勒面部五官的线条，然后用0.2mm的黑色针管笔勾勒裙子、腿部及鞋子的外部轮廓线。

Step 4 继续用0.05mm的黑色针管笔勾勒裙子上印花图案内部的装饰线条及手部线条，绘制时注意线条的流畅性。然后用橡皮擦拭掉多余的铅笔线迹，完成线稿的绘制。

Step 5 马克笔一般是从浅色开始着色的，因为浅色容易被覆盖。先从皮肤开始着色，用131号浅肤色马克笔分别在面部、颈部、手臂和腿部进行平涂式上色，保持画面颜色均匀，然后用499号黑色彩铅加粗眼线。

Step 6 用28号肤色马克笔绘制皮肤的暗部颜色，然后用同一个颜色填充嘴唇部分。

step 7 开始绘制裙子上的印花图案，先用13号红色马克笔填充裙子腰部以上红色区域的颜色。

step 8 继续用同一个颜色填充腰部以下裙子的红色区域颜色。填充颜色时，大面积的区域可以先用马克笔的宽头进行着色，剩余边角空白的位置再用马克笔的圆头进行补充上色。

step 9 用93号棕色马克笔继续填充裙子上印花图案的颜色。由于绘制面积较小，因此可用马克笔的圆头进行均匀填充，然后用142号橘色马克笔填充鞋子的颜色。

step 10 先用120色黑色马克笔填充裙子腰部以上的黑色印花区域，以及鞋面和鞋跟的颜色。

13 step 用414号橘色彩铅提亮裙子中红色区域的亮部色彩，然后499号黑色彩铅加深裙子的暗部色彩。

11 step 继续用120色黑色马克笔填充裙子腰部以下的黑色印花区域。

12 step 用高光笔绘制出裙子上的白色装饰线条，注意线条的粗细变化，然后用97号棕色马克笔绘制鞋子的暗部颜色，接着用CG9号灰色马克笔填充头发的颜色，最后用499号黑色彩铅绘制头发的暗部。

4.马克笔与彩铅结合作品赏析

7.4.2 马克笔与水彩结合表现技法

马克笔和水彩有一定的相似点，它们的颜色都具有通透、覆盖性弱的特点。它们的区别在于马克笔的颜色虽然丰富，但颜色上还是有所限制，只能在固有的颜色里去挑选；水彩虽然颜色少，但它可以进行调和使用，可以将24种颜色调和出多种不同的颜色，而且在颜色过渡时自然和谐，可以用来辅助马克笔使用。

1.实例表现一

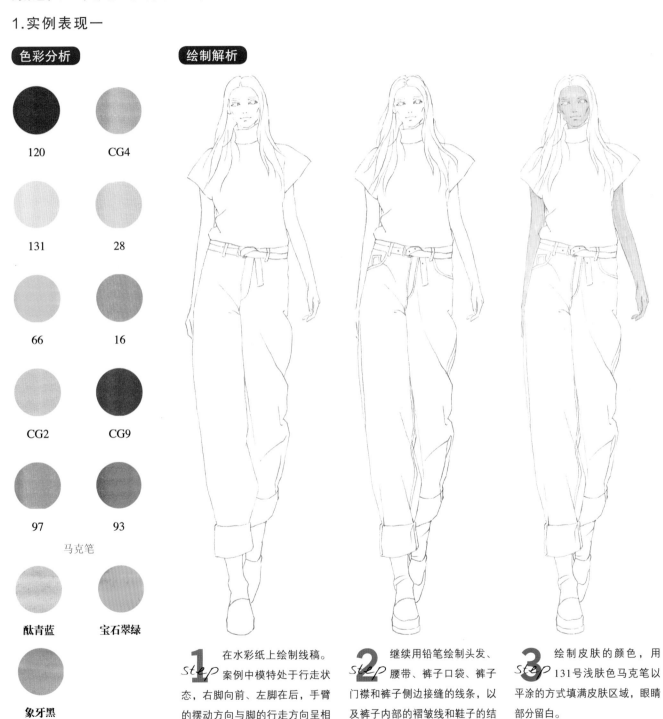

色彩分析

120　　CG4

131　　28

66　　16

CG2　　CG9

97　　93

马克笔

酞青蓝　　宝石翠绿

象牙黑

水彩

绘制解析

1 step　在水彩纸上绘制线稿。案例中模特处于行走状态，右脚向前、左脚在后，手臂的摆动方向与脚的行走方向呈相反状态，右手被挡在身体后面。

2 step　继续用铅笔绘制头发、腰带、裤子口袋、裤子门襟和裤子侧边接缝的线条，以及裤子内部的褶皱线和鞋子的结构线。

3 step　绘制皮肤的颜色，用131号浅肤色马克笔以平涂的方式填满皮肤区域，眼睛部分留白。

4 step　继续绘制皮肤的暗部颜色，然后用28号肤色马克笔分别在眼窝、颧骨、鼻底、下巴、颈部、衣服与手臂的交接处、手臂内侧及外侧进行绘制。

5 step　用97号棕色马克笔绘制头发的底色，然后用66号蓝色马克笔绘制眼睛的颜色，接着用16号橘色马克笔绘制嘴唇的颜色，最后93号棕色马克笔绘制眉毛的颜色。

6 step　用93号棕色马克笔绘制头发的暗部颜色，增加头发的层次感。然后用120色黑色马克笔填充腰带的颜色，接着用CG2号灰色马克笔填充袜子的颜色，最后用CG9号灰色马克笔填充鞋子的颜色。

7 step　案例中牛仔裤的颜色比较特别，在这里可以选择用水彩进行绘制。将酞青蓝、宝石翠绿和少量的黑色进行调和，用大笔触进行上色，亮部留白即可。

8 step 继续用酞青蓝、宝石翠绿和黑色的调和色绘制裤子的暗部颜色，然后分别用CG4号灰色马克笔和120号黑色马克笔绘制袜子和鞋子的暗部颜色。

9 step 用CG2号灰色马克笔填充衣服的颜色，然后用马克笔的宽头进行竖向运笔，将画面填满。

10 step 先用CG4号灰色马克笔绘制出衣服的暗部颜色，然后用深灰色彩色针管笔绘制出衣服表面的纹理，纹理方向随着衣服的褶皱而发生变化。

11 step 用小楷笔勾勒出整体轮廓线，然后用高光笔提亮面部和头发的高光，接着用棕色彩色针管笔在头发的边缘处添加线条，增加头发的灵动感。

2.实例表现二

色彩分析　　　**绘制解析**

31（Touchthree）　133

100　　66

28　　93

马克笔

土黄

水彩

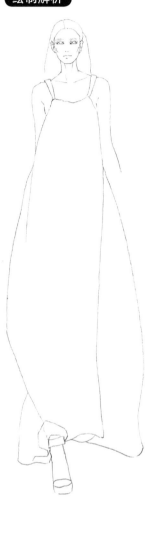

step 1 用铅笔勾勒面部五官结构、人体动态和服装廓形。

step 2 继续绘制铅笔稿，完成头发、手臂和裙子内部褶皱的绘制。

step 3 用0.05mm的黑色防水勾线笔勾勒出人体及服装廓形的全部线条，然后用橡皮擦拭掉铅笔痕迹。

Step **4** 　将橘红色和大红色进行调和，保证充足的水分，用来绘制皮肤的底色。上色前可以先将调和好的颜色画在草稿纸上进行试验，如果颜色偏深，就可以再多加入些水分进行调和。试验通过后用2号水彩笔进行上色。

Step **5** 　调和深肤色，分别绘制面部、颈部、手臂及脚部的暗部颜色，然后用勾线笔进行绘制。

Step **6** 　填充头发的颜色，用100号棕色马克笔进行绘制。然后用66号蓝色马克笔填充眼睛的颜色，接着用28号肤色马克笔填充嘴唇的颜色，最后用黑色水彩绘制眉毛的颜色。

Step **7** 　裙子的底色属于特别淡的浅黄色，而且绘画的面积较大，用水彩更合适，既可以调和出正确的颜色，也可以快速地将裙子的底色填满。调和土黄色水彩绘制裙子和鞋子的底色，然后用93号棕色马克笔绘制头发的暗部。

10 **step** 继续用31号棕色马克笔绘制出裙子左侧的条格图案。

8 **step** 等画面干了后，用133号肤色马克笔绘制裙子和鞋子的暗部颜色。

9 **step** 用31号棕色马克笔绘制裙子上的条格图案，中间位置条格的方向为竖向，右侧条格图案为横向且随着衣服的转折面而发生变化。

3.实例表现三

色彩分析

66

101　　131

28　　100

马克笔

象牙黑

水彩

绘制解析

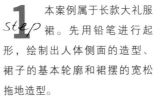

1 step 本案例属于长款大礼服裙。先用铅笔进行起形，绘制出人体侧面的造型、裙子的基本轮廓和裙摆的宽松拖地造型。

2 step 添加头发和裙子的细节，认真绘制裙子的褶皱线。

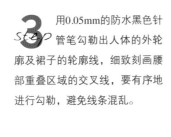

3 step 用0.05mm的防水黑色针管笔勾勒出人体的外轮廓及裙子的轮廓线，细致刻画腰部重叠区域的交叉线，要有序地进行勾勒，避免线条混乱。

4 step 继续用0.05mm的防水黑色针管笔勾勒裙子的内部褶皱线，然后用橡皮擦拭掉铅笔痕迹。

5 step 用131号浅肤色马克笔填充皮肤的底色，眼睛处留白。

6 step 用28号肤色马克笔绘制皮肤的暗部颜色。

7 step 填充头发的颜色，用101号棕色马克笔进行绘制。这里的颜色可能与前面案例中101号马克笔所呈现的不同，主要是因为所用的纸张不同而导致画面中的颜色略有变化。然后用66号蓝色马克笔填充眼睛的颜色，接着用28号肤色马克笔填充嘴唇的颜色。

8 step 用100号棕色马克笔绘制头发的暗部颜色，画出头发发丝的感觉，然后用高光笔绘制头发的高光，完成头发的绘制。接着调和黑色水彩绘制裙子上半身及腰部的底色。

9 step 继续用大号水彩笔绘制裙摆的底色，水彩笔的笔头要保持充足的水分。

10 step 用黑色水彩在裙子的暗部进行着色，加深裙子的暗部颜色。

11 step 待画面干了后，用大笔触继续加深裙子的整体颜色及暗部颜色。

12 step 用小笔触分别在各褶皱位置进行深入刻画。

13 *step* 画面干了后，用勾线笔勾勒裙子的外部轮廓线及部分褶皱线，然后用涂改液点缀出裙子上的带有装饰性的小圆点。

4.马克笔与水彩结合作品赏析